非能动梭式结构智能控制技术

曾祥炜　邱小平　陆建国　陈　崑　著

科学出版社

北　京

内 容 简 介

非能动控制技术是现代控制的前沿技术之一，结构智能化的非能动梭式控制技术进一步扩大了人类认识世界、改造世界的视角。本书基于流体控制的基础理论和成功应用的案例，探讨非能动梭式结构智能控制技术的基本原理、基础元件、控制单元与系统，应用计算、模拟、动画、仿真、真机试验和检测分析技术的先进性、新系统的可行性。

本书可作为高等学校流体传动及控制、机械电子工程等专业研究生的参考书，也可作为从事压力管道控制、流体控制、油气储运、能源动力、矿山、应急管理等方面的科研人员和专业技术人员的参考书。

图书在版编目（CIP）数据

非能动梭式结构智能控制技术/曾祥炜等著. —北京：科学出版社，2022.10
ISBN 978-7-03-073521-8

Ⅰ. ①非… Ⅱ. ①曾… Ⅲ. ①液压传动-控制系统-研究 Ⅳ. ①TH137

中国版本图书馆 CIP 数据核字（2022）第 190625 号

责任编辑：余 江 张丽花 / 责任校对：王 瑞
责任印制：张 伟 / 封面设计：迷底书装

科 学 出 版 社 出版
北京东黄城根北街 16 号
邮政编码：100717
http://www.sciencep.com
北京虎彩文化传播有限公司 印刷
科学出版社发行 各地新华书店经销
*
2022 年 10 月第 一 版 开本：787×1092 1/16
2023 年 7 月第二次印刷 印张：13 3/4
字数：323 000
定价：98.00 元
（如有印装质量问题，我社负责调换）

编审委员会

主 任:

翟婉明　西南交通大学,中国科学院院士

成 员(按姓名笔画排序):

王如君　中国安全生产科学研究院

王晓东　武汉第二船舶设计研究所

汤紫德　国家发展和改革委员会离退休干部局

苏清新　高智创新(北京)科技有限公司

杜文甫　中国科学院高能物理研究所

李世生　中国东方电气集团有限公司

李后强　四川省社会科学院

杨成凯　成都金桥管业有限公司

张　俐　华中科技大学机械科学与工程学院

张　鹏　西南石油大学土木工程与建筑学院

陈　健　西南化工研究设计院有限公司

林光春　四川大学机械工程学院

周定文　中国核动力研究设计院

姚　进　四川大学机械工程学院

徐　扬　西南交通大学数学学院

蒋旭东　应急管理部上海消防研究所

赖喜德　西华大学能源与动力工程学院

蔡　勇　西南科技大学制造科学与工程学院

戴澄东　中国共产党江苏省委员会统一战线工作部

前　言

大自然的力量是无穷的，人们在各个领域运用不同形式的能量。在压力管道输送中，被输送的介质本身具有能量，而这些能量可用来控制压力管道。如何有效地运用自然力和输送介质本身的能量，达到预期的非能动控制效果，就是本书出发点所在。其中的关键是，实现依靠自然力和系统自身能量的非能动结构智能化控制。当然，它也可以与能动系统密切配合。非能动控制技术在信息战背景下的攻击风险防范优势尤为明显。

研发非能动梭式控制技术的构想，源于曾祥炜研究员 20 世纪 60 年代在四川省甘孜藏族自治州丹巴云母矿当动力技术员时的工作历练，以及 80 年代在伊拉克工厂担任设备液压与自动化工程师的出国经历。他 1989 年获美国发明专利权，1998 年获国家技术发明奖，目前拥有数十项国内外技术专利；20 世纪 90 年代建立技术团队，长期指导我国中小学生科技创新大赛、多年担任全国大学生挑战杯评审专家。

基于非能动控制技术的思想，曾祥炜带领团队围绕国家重大需求、行业发展动态而展开研究。非能动梭式结构智能控制技术为我国占领非能动控制技术领域的领先地位奠定了坚实的基础，非能动梭式控制元件已在秦山、三门等核电站，黄海、南海等海上平台，北京首都国际机场、上海浦东国际机场等航空枢纽，舰船、石油、化工、天然气等中外 500 多个重要工程中应用，替代进口装备可靠运转多年。非能动梭式结构智能技术可弥补外接动力源缺失、电磁波缺失、信号缺失的不足，与能动系统结合可简化系统，提高精度和安全可靠性，可以为危险化学品的应急救援保护提供新的技术。长期以来，曾祥炜一直带领团队不断研发，为我国重要工程积累了大量的非能动控制领先技术，有效建立起我国非能动控制技术壁垒，在国际上开创了结构智能控制的崭新道路。这项国际领先、应用可靠的技术将为我国乃至国际流体控制技术增添新的力量。

本书系统地总结了非能动梭式结构智能控制技术的基本原理、基础元件、控制单元与系统，以及应用成功的典型实例，包括典型元件的检测报告。全书分为三篇，即理论篇、技术篇和应用篇。理论篇介绍流体控制的基础理论和非能动梭式控制技术的概况，包括发展历程、基本概念和兼容性等。技术篇围绕非能动梭式结构智能流体控制技术的基础元件、控制单元和系统展开，详细介绍面向应用需求的各种特种阀元件和管道爆破保护系统。应用篇介绍非能动技术典型元件产品的仿真分析、产品试验和应用项目，包括与现有技术中相同功能阀门元件的对比分析、已应用工程的总体对比分析和超高速管道列车的应用构想。

基于曾祥炜及其团队的系列研究成果，本书主要由西南交通大学邱小平教授、电子科技大学陆建国教授和四川大学陈崑讲师共同撰写。参与撰写的还有西华大学余波教授、宋昌林副教授，西南科技大学张健平副教授、向科峰副教授，以及电子科技大学应急管理研究院工作人员等。在撰写过程中，西南交通大学硕士研究生游彬慈、兰聪、陈炯、陈晓迪、王宁等完成了大量的资料收集整理、图形绘制等工作。

在成书之际,感谢在非能动梭式控制技术研发的过程中给予鼎力支持的启蒙老师、前辈、伙伴和同行者,包括支持者和批评者,他们的不吝鼓励和严厉批评始终是激励研发团队不断向前的动力。特别感谢王大珩、杨家墀、周光召、宋健、王乃彦、沈志云、林祥棣等院士,叶正明、毕福生和黄首一等专家,在非能动控制技术还没有得到完全认同时,给予的建议、指导和书面勉励;感谢国家及四川省相关领导和部门在技术萌芽阶段的认可,在国内外专利申请、立项、鉴定时给予的鼎力支持。

在本书撰写过程中引用和参考了国内外众多专家、学者的研究成果,在此向所有相关文献的作者表示衷心的感谢。感谢四川省科学技术协会和"天府科技云"平台、综合交通运输智能化国家地方联合工程实验室、四川省非能动技术研究院、四川禾嘉高新技术研究院的大力支持。

由于作者水平限制,书中难免存在不足之处,恳请专家、学者和同仁不吝指正。

邱小平

2022 年 9 月于成都

目　　录

理　论　篇

技 术 篇

应 用 篇

理 论 篇

第 1 章　流体控制基础

自然界中的物质主要以固体、液体和气体三种形态存在，液体和气体统称为流体，常见的流体有水和空气等。出现这种差异的主要原因是分子间的间距不同，它们表现出来的物理性质、力学性能等也不同。

在物理性质方面，固体间的分子间距小，分子只能在固定的位置做微小的振动，所以固体的形状和体积都是一定的；液体的分子间距大，分子的自由度也比固体分子大，通常液体有固定的体积，无固定的形状；气体分子的运动尺度最大，气体无固定的形状和体积。流体的分子间距同样表征着流体的可压缩性。在相同的压力作用下，液体的压缩性比气体要小很多，通常在研究液体时忽略了可压缩这一特性。

在力学性能方面，固体在弹性极限范围内的拉压应力作用下可轻微变形且遵循胡克定律，去掉拉压应力之后，固体能恢复到最初的状态，另外固体还可承受切应力。流体由大量的、不断做分子热运动的且无固定平衡位置的分子组成，静止的流体只能承受压应力，在剪切应力的作用下会产生运动及变形，几乎无法承受拉应力，运动的流体存在因黏性作用所产生的内摩擦，在运动过程中存在剪切应力。

非能动梭式结构智能控制技术是一种典型的流体控制技术，因此流体控制的基础理论同样适用于非能动梭式结构智能控制技术。本章从连续介质模型、流体特性出发，对主要理论进行介绍。

1.1　经典流体控制概念

1.1.1　连续介质模型

流体分子充满整个流体空间，分子间的间距尺度比分子尺度大很多，微观上，分子做无规则的随机运动。在研究流体时不可能着手研究每个分子的运动特性，因此瑞士科学家莱昂哈德·欧拉(Leonhard Euler)于 1753 年首次建立了连续介质模型。连续介质模型是从流体中抽象出来的假想模型，它并不着眼于研究单个流体分子，而是研究流体微元。流体微元有空间和时间两个特征，空间上，流体微元尺度足够大，一个微元包含大量的流体分子；微元尺度又需要足够小，不能影响到研究尺度，微元彼此连续、无间断地充满整个流体空间；时间上，流体微元的宏观物理参量是该微元内分子物理参量关于时间的统计平均值，且统计时间的尺度与所研究问题的时间尺度相比要小很多。

基于连续介质模型，流体的所有物理参量(压强、密度、速度等)都可以看作时间和空间上的连续函数。宏观视角下，连续介质模型极大地简化了流体模型，可以结合微积分、拓扑等现代数学理论得出流场各个位置处的物理参数。事实上，对于分子间距极大的模型，连续介质模型的运用会受到限制，例如，高空稀薄空气分子间的间距尺度与实际物体的特征尺度相似，流体微元不能看作一个质点。

1.1.2 流体的基本特性

1. 密度

密度作为流体的固有属性之一，它表示单位体积内所包含的流体质量，以符号 ρ 表示，国际单位为 kg/m^3。对于密度均匀的流体来说，密度表示为

$$\rho = \frac{m}{V} \tag{1-1}$$

式中，m 为流体的质量(kg)；V 为质量 m 的流体所占的体积(m^3)。

对于密度非均匀的流体来说，密度用极限表示为

$$\rho = \lim_{\Delta V \to 0} \frac{\Delta m}{\Delta V} \tag{1-2}$$

2. 热膨胀性

在压强恒定时，流体体积随温度升高而增大的情况称为流体的热膨胀性。温度通过影响微观分子间距来间接影响宏观流体的体积。通常用符号 α 表示流体的热膨胀系数 (1/K)，它表示压强不变时，温度升高 1K 而引起的流体体积的相对增加量，数学形式表示为

$$\alpha = \frac{1}{V}\frac{\mathrm{d}V}{\mathrm{d}T} \tag{1-3}$$

式中，$\mathrm{d}V$ 为流体的体积增量(m^3)；V 为流体原有体积(m^3)；$\mathrm{d}T$ 为流体温度增量(K)。

通过实验测定，液体的膨胀性很小，在压强为 9.8×10^4Pa、温度为 10～20℃时，水的体积膨胀系数 $\alpha = 150 \times 10^{-6}$/K。气体的膨胀性很大，在压强不变的情况下，温度每升高 1K，气体的体积增量为 273K 时的 1/273。

3. 压缩性

在温度恒定时，流体体积随压强升高而减小的情况称为流体的压缩性。压强通过影响微观分子的间距来间接影响宏观流体的体积。常用以符号 κ 表示流体的压缩系数 (1/Pa)，它表示温度不变时，压强升高 1Pa 而引起流体体积的相对减小量，数学形式表示为

$$\kappa = -\frac{1}{V}\frac{\mathrm{d}V}{\mathrm{d}p} \tag{1-4}$$

式中，dV 为压强增加 dp 时流体的体积变量(m^3)；V 表示压强为 p 时流体的体积(m^3)。

κ 越大表示流体越容易被压缩，气体的 κ 值比液体的 κ 值高出三个数量级及以上。衡量流体压缩性还可用体积弹性模量 K 表示：

$$K = \frac{1}{\kappa} = -\frac{V dp}{dV} \tag{1-5}$$

式中，dp 为流体压强增量(Pa)。

体积弹性模量与弹性模量相似，均用来衡量物体变形的难易程度，K 值越大表明流体越不容易被压缩。实验指出，液体的压缩率极小，在压强低于 50MPa、温度为 0～20℃ 时，水的体积压缩率仅为二万分之一。对于气体来说，气体的受压过程比液体复杂得多，气体的压缩不仅会改变气体的体积，还会改变气体的实际温度，按照压缩过程中变量的不同，可分为等温压缩、等熵压缩等。

4. 作用在流体上的力

作用在流体上的力分为表面力和质量力。表面力是指作用在所研究流体表面上并与表面积大小成正比的力，其产生一定要有接触面。通常，从流体中取出一个分离体作为研究对象，其表面力就是周围的物体直接作用在研究对象上的作用力。表面力与作用面积成正比，单位面积上的表面力称为应力，可再细分为切向应力和法向应力。

质量力也称体积力，它是作用于流体某体积内的每个质点(或微团)上且与该体积内流体的质量成正比的力。均质流体的质量力与流体的体积成正比。对于重力场中的流体，其每个质点所受重力是最常见的质量力。质量力的大小以作用在单位质量流体上的质量力(单位质量力)来度量。对于单位质量的流体微元，其质量力可正交分解为

$$\boldsymbol{f} = f_x \boldsymbol{i} + f_y \boldsymbol{j} + f_z \boldsymbol{k} \tag{1-6}$$

式中，f_x、f_y、f_z 分别为力 $\boldsymbol{f}$ 在 x、y、z 坐标轴上的投影，单位质量力及其在各坐标轴的分量单位为 m/s^2。质量力是通过某种力场作用在整个流体的体积上的，与接触与否无关。

对于理想流体流动来说，流体之间不存在黏性力，即流体微元在运动中不存在内摩擦，只受到质量力和垂直于微元表面的正压力。对于实际流体的流动来说，流体受到质量力和垂直于微元表面的正压力，还会受到因分子间吸引及分子做不规则热运动导致能量交换所产生的切向阻力，该阻力称为黏性力。黏性力服从牛顿剪切定律：

$$\tau = \mu \frac{dv}{dn} \tag{1-7}$$

式中，τ 为切向应力(Pa)；$\frac{dv}{dn}$ 为垂直于流体运动方向上的速度梯度(s)；μ 为动力黏度(Pa·s)，1Pa·s = 10P(泊)=1000cP(厘泊)。

除了动力黏度外还有运动黏度 ν，它与动力黏度的关系为

$$\nu = \frac{\mu}{\rho} \tag{1-8}$$

式中，运动黏度 ν 的国际单位为 $\mathrm{m}^2 / \mathrm{s}$，$1\mathrm{m}^2 / \mathrm{s} = 10^4 \mathrm{St}$（斯）$= 10^6 \mathrm{cSt}$（厘斯）。

1.1.3 流体流动的描述方法

目前，研究流体运动的方法分为拉格朗日法和欧拉法。拉格朗日法又称随体法，它将整个流体的运动看作多个单一流体质点运动的总和。该方法先描述单个质点在运动时的位置、速度、压力及其他流动参量随时间的变化规律，然后把全部质点的运动情况综合起来得到整个流体的运动。它实质上是利用质点系动力学来研究连续介质的运动。欧拉法又称局部法，它以流体运动的空间作为研究对象，研究某一时刻位于各不同空间点上流体质点的速度、压力、密度及其他流动参量的分布，再把各个不同时刻的流体运动情况综合起来得到整个流体的运动。它实质上研究表征流场内流体流动特征的各物理量的场，包括向量场和标量场。实际工程关注流场中指定空间的质点参数较多，因此欧拉法被广泛采用。

1. 拉格朗日法

设三维空间中单个流体质点的位置坐标 $x_i(t)$、$y_i(t)$、$z_i(t)$ 是时间 t 的函数，其中 $i = 1,2,3,\cdots$，即第 i 个，再用其初始坐标 (a,b,c) 来标识该流体质点，则 a、b、c 和 t 称为拉格朗日变量，第 i 个流体质点在时刻 t 的位置坐标 (x,y,z) 表示为

$$\begin{cases} x = x(a,b,c,t) \\ y = y(a,b,c,t) \\ z = z(a,b,c,t) \end{cases} \tag{1-9}$$

式 (1-9) 表示流体质点运动规律的运动方程，据此流体质点的速度可表示为

$$\begin{cases} v_x = v_x(a,b,c,t) = \dfrac{\partial x(a,b,c,t)}{\partial t} \\ v_y = v_y(a,b,c,t) = \dfrac{\partial y(a,b,c,t)}{\partial t} \\ v_z = v_z(a,b,c,t) = \dfrac{\partial z(a,b,c,t)}{\partial t} \end{cases} \tag{1-10}$$

流体质点的加速度为

$$\begin{cases} a_x = a_x(a,b,c,t) = \dfrac{\partial v_x(a,b,c,t)}{\partial t} = \dfrac{\partial^2 x(a,b,c,t)}{\partial t^2} \\ a_y = a_y(a,b,c,t) = \dfrac{\partial v_y(a,b,c,t)}{\partial t} = \dfrac{\partial^2 y(a,b,c,t)}{\partial t^2} \\ a_z = a_z(a,b,c,t) = \dfrac{\partial v_z(a,b,c,t)}{\partial t} = \dfrac{\partial^2 z(a,b,c,t)}{\partial t^2} \end{cases} \tag{1-11}$$

2. 欧拉法

速度描述：

$$\begin{cases} u = u(x,y,z,t) \\ v = v(x,y,z,t) \\ w = w(x,y,z,t) \end{cases} \tag{1-12}$$

加速度描述：

$$a = a(x,y,z,t) \tag{1-13}$$

加速度微分形式：

$$\begin{cases} a_x = \dfrac{\mathrm{d}u}{\mathrm{d}t} = \dfrac{\mathrm{d}u(x,y,z,t)}{\mathrm{d}t} = \dfrac{\partial u}{\partial t} + u\dfrac{\partial u}{\partial x} + v\dfrac{\partial u}{\partial y} + w\dfrac{\partial u}{\partial z} \\ a_y = \dfrac{\mathrm{d}v}{\mathrm{d}t} = \dfrac{\mathrm{d}v(x,y,z,t)}{\mathrm{d}t} = \dfrac{\partial v}{\partial t} + u\dfrac{\partial v}{\partial x} + v\dfrac{\partial v}{\partial y} + w\dfrac{\partial v}{\partial z} \\ a_z = \dfrac{\mathrm{d}w}{\mathrm{d}t} = \dfrac{\mathrm{d}w(x,y,z,t)}{\mathrm{d}t} = \dfrac{\partial w}{\partial t} + u\dfrac{\partial w}{\partial x} + v\dfrac{\partial w}{\partial y} + w\dfrac{\partial w}{\partial z} \end{cases} \tag{1-14}$$

式中，x,y,z 为欧拉变数，描述流场中的位置坐标；t 为时间。欧拉法中的加速度包括由速度随时间变化的时变加速度和由流体质点经过不同位置时的迁移加速度。

3. 迹线与流线

迹线是流体质点在一段时间内的运动轨迹线，从迹线可看出质点是作何种运动、途径如何变化的。流线是流场中某一瞬的空间曲线，线上每点的切线方向与位于同一点的流体质点速度方向一致，如图 1-1 所示。流线是欧拉法对流动的描绘，迹线是拉格朗日法对流动的描绘。由于欧拉法应用广泛，因此研究流线较多。

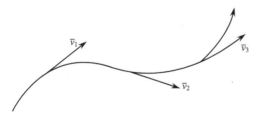

图 1-1　流线的定义

对于定常流动，其流线在空间的位置和形状都不随时间而变化。对于非定常流动，其流线在空间的位置和形状是随时间而变化的。因此，在定常流动中流线和迹线相重合，在非定常流动中流线和迹线不重合。

1.1.4 流体流动的基本特性

1. 理想流体与黏性流体

一切实际流体都具有黏性，但在多数情况下其作用并不显著。因此，常假设研究对象是没有黏性的流体，即理想流体。该假设适用于静止流体、匀等速直线流动流体及气体等。对于黏性流体，常先按理想流体来研究，再根据试验引进修正系数来修正。

实际上，自然界中不存在理想流体，凡是流体都会存在分子间吸引力，为了便于研究，人们往往将黏度很低的流体近似地看成理想流体。例如，在一个标准大气压下，20℃水的运动黏度大约为 1cSt，可以忽略不计。常见的黏性流体，如石油，在运输过程中因发热会造成大量的能量损失，因此必须考虑石油的黏度。

2. 牛顿流体和非牛顿流体

在流动中其剪应力与速度梯度的关系完全符合牛顿黏性定律的流体，称为牛顿型流体（Newtonian fluid），如水、空气。对于不服从牛顿黏性定律的流体，称为非牛顿型流体（non-Newtonian fluid），如泥浆、某些高分子溶液、悬浮液等。常见的非牛顿流体都具有膨胀性，即在低速度梯度下，流体流动性较好，但在高速度梯度下，流体的流动性极差，表现出固体的特性，流体流变曲线如图 1-2 所示。

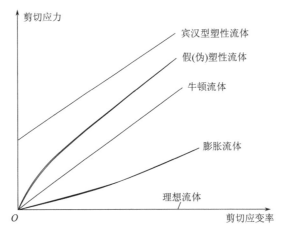

图 1-2　流体流变曲线

3. 可压缩流体和不可压缩流体

流体的密度会随着压强和温度的变化而变化，即流体的膨胀系数和压缩性系数一般都不为 0；而在一般工程计算中常忽略其膨胀性和可压缩性。一般地，密度不随温度和压强变化的流体称为不可压缩流体，密度为常数的流体称为不可压均质流体，而需要考虑密度随温度和压强变化的流体称为可压缩流体。

通常，一般液体的膨胀性与压缩性不太明显，而气体的膨胀性和压缩性比较大，但是否考虑这些特性需视具体情况而定。例如，当管道中水击和水下爆炸时，水的压强变化较大且变化过程非常迅速，需考虑水的密度变化才能得出合理的结论。又如，在锅炉尾部烟道和通风管道中的气体，它流动时的压强和温度变化很小，其密度变化也很小，可视为不可压缩流体。

4. 定常流动与非定常流动

根据欧拉法，流场中的压力、速度、加速度、密度、动量等参数都是时间和位置的函数，因此可以统一描述为

$$S = S(x, y, z, t) \tag{1-15}$$

若流动变量只与流场位置有关，与时间无关时，即

$$S = S(x, y, z) \tag{1-16}$$

$$\frac{\partial S}{\partial T} = 0 \tag{1-17}$$

这种情况下的流动称为定常流动。若流动变量与时间有关，这种情况下的流动称为非定常流动。定常流动同样是一种理想状态，几乎所有的流动都是非定常流动。研究非定常流动时，需通过理论和实验相结合的方法来求解 Navier-Stokes(纳维-斯托克斯)方程。

5. 层流流动与紊流流动

1883 年，英国物理学家雷诺(Reynolds)通过著名的雷诺实验观察到了在不同流速下的不同流体状态，由实验可知，黏性流体存在层流与紊流两种流动状态，如图 1-3 所示。当流速超过上临界速度 v_c 时层流转变为紊流；当流速低于下临界速度 v_c 时紊流转变为层流；当流速处于临界速度时流动状态可能是层流也可能是紊流，与起始状态及扰动等因素有关。

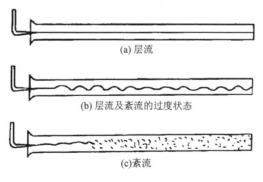

(a) 层流

(b) 层流及紊流的过度状态

(c)紊流

图 1-3　雷诺实验显示的流动状态

雷诺数是衡量流体流动状态最直观的指标。一般地，工程流体力学中把过渡状态和紊流状态共同归为紊流状态。流体流动状态转变瞬间的流体速度称为临界速度 v_c，对应的雷诺数称为临界雷诺数，记为 Re_c，其表达式为

$$Re_c = \frac{v_c d}{v} \tag{1-18}$$

式中，v_c 为临界速度（m/s）；d 为管道的特征尺寸（m）；v 为运动黏度（m²/s）。

实验测定，在管道断面为圆形的流管中，临界雷诺数 $Re_c = 2320$。对于任意流体，流动速度 v 的雷诺数为

$$Re = \frac{vd}{v} \tag{1-19}$$

式中，v 为管道中流体流动的平均速度（m/s）；雷诺数 Re 是一个无量纲数，当 $Re \leqslant Re_c = 2320$ 时，流体流动状态为层流，否则流体流动状态为紊流。

若管道断面为圆形，特征尺寸 d 为管道的内径。对于异形管道来说，其特征尺寸为

$$d_H = 4\frac{A}{l} \tag{1-20}$$

式中，A 为流通截面积（m²）；l 为管壁与流体接触的周边长度，即湿润周边长度；d_H 为当量直径（m）。

因此，雷诺公式可以改写为

$$Re = \frac{vd_H}{v} \tag{1-21}$$

1.2　流体主要控制理论

流体动力学三大方程如下。
(1)连续性方程——依据质量守恒定律推导得出。
(2)伯努利方程——依据动量守恒定律推导得出。
(3)能量方程——依据能量守恒定律推导得出。

1.2.1　连续性方程

取流场中一形状为六面体的无限小的微元，如图 1-4 所示。

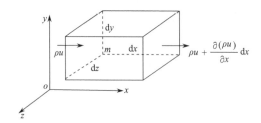

图 1-4　六面体微元控制体

规定流出的质量为正，流入的质量为负，从图 1-4 可以得到在 $\mathrm{d}t$ 时间内 x 轴方向上的质量变化为

$$\mathrm{d}m_x = \left[\rho u + \frac{\partial(\rho u)}{\partial x}\mathrm{d}x - \rho u \right]\mathrm{d}y\mathrm{d}z\mathrm{d}t = \frac{\partial(\rho u)}{\partial x}\mathrm{d}x\mathrm{d}y\mathrm{d}z\mathrm{d}t \tag{1-22}$$

同理得到，在 $\mathrm{d}t$ 时间内，y、z 轴上的质量变化分别为

$$\mathrm{d}m_y = \frac{\partial(\rho v)}{\partial y}\mathrm{d}x\mathrm{d}y\mathrm{d}z\mathrm{d}t \tag{1-23}$$

$$\mathrm{d}m_z = \frac{\partial(\rho w)}{\partial z}\mathrm{d}x\mathrm{d}y\mathrm{d}z\mathrm{d}t \tag{1-24}$$

因此，在 $\mathrm{d}t$ 时间内控制体微元的质量变化为

$$\mathrm{d}m = \mathrm{d}m_x + \mathrm{d}m_y + \mathrm{d}m_z = \left[\frac{\partial(\rho u)}{\partial x} + \frac{\partial(\rho v)}{\partial y} + \frac{\partial(\rho w)}{\partial z} \right]\mathrm{d}x\mathrm{d}y\mathrm{d}z\mathrm{d}t \tag{1-25}$$

由质量守恒定律知，控制体总流出质量必等于控制体内由于密度变化而减少的质量，即在 $\mathrm{d}t$ 时间内，控制体微元的质量变化为

$$\mathrm{d}m = -\frac{\partial \rho}{\partial t}\mathrm{d}x\mathrm{d}y\mathrm{d}z\mathrm{d}t \tag{1-26}$$

将式(1-25)和式(1-26)联立得到

$$\frac{\partial \rho}{\partial t} + \frac{\partial(\rho u)}{\partial x} + \frac{\partial(\rho v)}{\partial y} + \frac{\partial(\rho w)}{\partial z} = 0 \tag{1-27}$$

对于定常流动的流体：

$$\frac{\partial \rho}{\partial t} = 0 \Rightarrow \mathrm{div}(\rho v) = 0$$

对于不可压缩的流体：

$$\rho = \text{常数}, \ \mathrm{div}(v) = 0, \ \text{即} \ \frac{\partial u_x}{\partial x} + \frac{\partial u_y}{\partial y} + \frac{\partial u_z}{\partial z} = 0$$

式中， div 为散度，且 $\mathrm{div}(v) = \nabla \cdot v \equiv \left(\dfrac{\partial}{\partial x}\boldsymbol{i} + \dfrac{\partial}{\partial y}\boldsymbol{j} + \dfrac{\partial}{\partial z}\boldsymbol{k} \right) \cdot (u + v + w)$ ，其中 ∇ 为哈尔密顿算子， $\nabla \equiv \left(\dfrac{\partial}{\partial x}\boldsymbol{i} + \dfrac{\partial}{\partial y}\boldsymbol{j} + \dfrac{\partial}{\partial z}\boldsymbol{k} \right)$ ， u、v、w 分别为速度矢量 $\boldsymbol{v}$ 在 x、y、z 轴上的分量。

1.2.2 运动微分方程

根据牛顿第二定律，在惯性参考系中，动量增量对时间的导数(动量变化率)为物体所受到的惯性力。同样取流场中一形状为六面体的无限小的微元，如图 1-5 所示，在 x 轴上的力学方程为

$$f_x\rho dxdydz + pdydz - \left(p + \frac{\partial p}{\partial x}dx\right)dydz + \left(\tau_{yx} + \frac{\partial \tau_{yx}}{\partial y}dy\right)dxdz - \tau_{yx}dxdz + \left(\tau_{zx} + \frac{\partial \tau_{zx}}{\partial z}dz\right)dxdy$$

$$-\tau_{zx}dxdy + \left(\tau_{xx} + \frac{\partial \tau_{xx}}{\partial x}dx\right)dydz - \tau_{xx}dydz = \frac{du}{dt}\rho dxdydz \qquad (1\text{-}28)$$

化简得

$$f_x\rho - \frac{\partial p}{\partial x} + \frac{\partial \tau_{xx}}{\partial x} + \frac{\partial \tau_{yx}}{\partial y} + \frac{\partial \tau_{zx}}{\partial z} = \frac{du}{dt}\rho \qquad (1\text{-}29a)$$

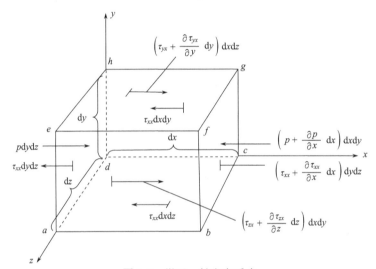

图 1-5　微元 x 轴方向受力

同理可得到 y、z 轴上的力学平衡方程分别为

$$f_y\rho - \frac{\partial p}{\partial y} + \frac{\partial \tau_{yy}}{\partial y} + \frac{\partial \tau_{xy}}{\partial x} + \frac{\partial \tau_{zy}}{\partial z} = \frac{dv}{dt}\rho \qquad (1\text{-}29b)$$

$$f_z\rho - \frac{\partial p}{\partial z} + \frac{\partial \tau_{zz}}{\partial z} + \frac{\partial \tau_{xz}}{\partial x} + \frac{\partial \tau_{yz}}{\partial y} = \frac{dw}{dt}\rho \qquad (1\text{-}29c)$$

方程(1-29)为流体运动微分方程，也可称为流体动量守恒方程。

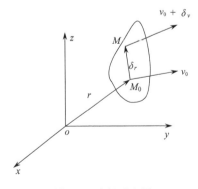

图 1-6　流场质点图

1.2.3　本构方程

　　本构方程又称为流变方程，反映了流体流动变形的应力张量和变形速率张量之间的关系。实际上，流体一维流动所遵守的牛顿剪切定律是最简单的本构关系。

　　为了得到变形速率张量，需要对流场速度进行分析。假设在某时刻某位置处有一质点 $M_0(x, y, z)$，速度为 v_0，在距离其 δ_r 处有另外一质点 $M(x + \delta_x, y + \delta_y, z + \delta_z)$，速度为 $v_0 + \delta_v$。图 1-6 为流场质点图。

根据泰勒级数一阶展开可得，点 M 的速度为

$$v = v_0 + \frac{\partial v}{\partial x}\delta_x + \frac{\partial v}{\partial y}\delta_y + \frac{\partial v}{\partial z}\delta_z \tag{1-30}$$

相对速度 δ_v 可改写为

$$\delta_v = \frac{\partial v}{\partial x}\delta_x + \frac{\partial v}{\partial y}\delta_y + \frac{\partial v}{\partial z}\delta_z \tag{1-31}$$

因此有

$$\delta_u = \frac{\partial u}{\partial x}\delta_x + \frac{\partial u}{\partial y}\delta_y + \frac{\partial u}{\partial z}\delta_z \tag{1-32a}$$

$$\delta_v = \frac{\partial v}{\partial x}\delta_x + \frac{\partial v}{\partial y}\delta_y + \frac{\partial v}{\partial z}\delta_z \tag{1-32b}$$

$$\delta_w = \frac{\partial w}{\partial x}\delta_x + \frac{\partial w}{\partial y}\delta_y + \frac{\partial w}{\partial z}\delta_z \tag{1-32c}$$

将式(1-32)用矩阵形式表达为

$$\begin{bmatrix} \delta_u \\ \delta_v \\ \delta_w \end{bmatrix} = \begin{bmatrix} \dfrac{\partial u}{\partial x} & \dfrac{\partial u}{\partial y} & \dfrac{\partial u}{\partial z} \\ \dfrac{\partial v}{\partial x} & \dfrac{\partial v}{\partial y} & \dfrac{\partial v}{\partial z} \\ \dfrac{\partial w}{\partial x} & \dfrac{\partial w}{\partial y} & \dfrac{\partial w}{\partial z} \end{bmatrix} \begin{bmatrix} \delta_x \\ \delta_y \\ \delta_z \end{bmatrix} \tag{1-33}$$

根据矩阵运算法则得

$$\begin{bmatrix} \dfrac{\partial u}{\partial x} & \dfrac{\partial u}{\partial y} & \dfrac{\partial u}{\partial z} \\ \dfrac{\partial v}{\partial x} & \dfrac{\partial v}{\partial y} & \dfrac{\partial v}{\partial z} \\ \dfrac{\partial w}{\partial x} & \dfrac{\partial w}{\partial y} & \dfrac{\partial w}{\partial z} \end{bmatrix} = \begin{bmatrix} \dfrac{\partial u}{\partial x} & \dfrac{1}{2}\left(\dfrac{\partial u}{\partial y}+\dfrac{\partial v}{\partial x}\right) & \dfrac{1}{2}\left(\dfrac{\partial u}{\partial z}+\dfrac{\partial w}{\partial x}\right) \\ \dfrac{1}{2}\left(\dfrac{\partial v}{\partial x}+\dfrac{\partial u}{\partial y}\right) & \dfrac{\partial v}{\partial y} & \dfrac{1}{2}\left(\dfrac{\partial v}{\partial z}+\dfrac{\partial w}{\partial y}\right) \\ \dfrac{1}{2}\left(\dfrac{\partial w}{\partial x}+\dfrac{\partial u}{\partial z}\right) & \dfrac{1}{2}\left(\dfrac{\partial w}{\partial y}+\dfrac{\partial v}{\partial z}\right) & \dfrac{\partial w}{\partial z} \end{bmatrix}$$

$$+ \begin{bmatrix} 0 & \dfrac{1}{2}\left(\dfrac{\partial u}{\partial y}-\dfrac{\partial v}{\partial x}\right) & \dfrac{1}{2}\left(\dfrac{\partial u}{\partial z}-\dfrac{\partial w}{\partial x}\right) \\ \dfrac{1}{2}\left(\dfrac{\partial v}{\partial x}-\dfrac{\partial u}{\partial y}\right) & 0 & \dfrac{1}{2}\left(\dfrac{\partial v}{\partial z}-\dfrac{\partial w}{\partial y}\right) \\ \dfrac{1}{2}\left(\dfrac{\partial w}{\partial x}-\dfrac{\partial u}{\partial z}\right) & \dfrac{1}{2}\left(\dfrac{\partial w}{\partial y}-\dfrac{\partial v}{\partial z}\right) & 0 \end{bmatrix} \tag{1-34}$$

为了方便简化矩阵，令

$$\varepsilon_{xx} = \frac{\partial u}{\partial x}, \quad \varepsilon_{yy} = \frac{\partial v}{\partial y}, \quad \varepsilon_{zz} = \frac{\partial w}{\partial z}, \quad \varepsilon_{xy} = \frac{1}{2}\left(\frac{\partial u}{\partial y}+\frac{\partial v}{\partial x}\right), \quad \varepsilon_{yx} = \frac{1}{2}\left(\frac{\partial v}{\partial x}+\frac{\partial u}{\partial y}\right)$$

$$\varepsilon_{xz}=\frac{1}{2}\left(\frac{\partial u}{\partial z}+\frac{\partial v}{\partial x}\right),\quad \varepsilon_{zx}=\frac{1}{2}\left(\frac{\partial w}{\partial x}+\frac{\partial u}{\partial z}\right),\quad \varepsilon_{yz}=\frac{1}{2}\left(\frac{\partial v}{\partial z}+\frac{\partial w}{\partial y}\right),\quad \varepsilon_{zy}=\frac{1}{2}\left(\frac{\partial w}{\partial y}+\frac{\partial v}{\partial z}\right)$$

$$\Omega_x=\frac{1}{2}\left(\frac{\partial w}{\partial y}-\frac{\partial v}{\partial z}\right),\quad \Omega_y=\frac{1}{2}\left(\frac{\partial u}{\partial z}-\frac{\partial w}{\partial x}\right),\quad \Omega_z=\frac{1}{2}\left(\frac{\partial v}{\partial x}-\frac{\partial u}{\partial z}\right)$$

因此，式 (1-33) 为

$$\begin{bmatrix}\delta_u\\\delta_v\\\delta_w\end{bmatrix}=\left\{\begin{bmatrix}\varepsilon_{xx}&\varepsilon_{xy}&\varepsilon_{xz}\\\varepsilon_{yx}&\varepsilon_{yy}&\varepsilon_{yz}\\\varepsilon_{zx}&\varepsilon_{zy}&\varepsilon_{zz}\end{bmatrix}+\begin{bmatrix}0&-\Omega_z&\Omega_y\\\Omega_z&0&-\Omega_x\\-\Omega_y&\Omega_x&0\end{bmatrix}\right\}\begin{bmatrix}\delta_x\\\delta_y\\\delta_z\end{bmatrix} \tag{1-35}$$

令 $\boldsymbol{E}=\begin{bmatrix}\varepsilon_{xx}&\varepsilon_{xy}&\varepsilon_{xz}\\\varepsilon_{yx}&\varepsilon_{yy}&\varepsilon_{yz}\\\varepsilon_{zx}&\varepsilon_{zy}&\varepsilon_{zz}\end{bmatrix}$，$\boldsymbol{E}$ 为变形速率张量，为对称矩阵，式 (1-34) 中的第三个矩阵为反对称矩阵。

相对速度 δ_v 可改写为

$$\delta_v=\boldsymbol{E}\times\delta_r+\boldsymbol{\Omega}\times\delta_r \tag{1-36}$$

$$\boldsymbol{v}=\boldsymbol{v}_0+\delta_v=\boldsymbol{v}_0+\boldsymbol{E}\times\delta_r+\boldsymbol{\Omega}\times\delta_r \tag{1-37}$$

式中，$\boldsymbol{\Omega}=\Omega_x\boldsymbol{i}+\Omega_y\boldsymbol{j}+\Omega_z\boldsymbol{k}$。

以上就是关于流体流动的亥姆霍兹(Helmholtz)速度分解定理。在流场中，流体微元存在流体变形流动和流体旋转运动。

流体的本构关系可表示为

$$\begin{cases}p_{xx}=-p+2\mu\dfrac{\partial u}{\partial x}\\[2mm]p_{yy}=-p+2\mu\dfrac{\partial v}{\partial y}\\[2mm]p_{zz}=-p+2\mu\dfrac{\partial w}{\partial y}\\[2mm]\tau_{xy}=\tau_{yx}=\mu\left(\dfrac{\partial u}{\partial y}+\dfrac{\partial v}{\partial x}\right)\\[2mm]\tau_{xz}=\tau_{zx}=\mu\left(\dfrac{\partial u}{\partial z}+\dfrac{\partial w}{\partial x}\right)\\[2mm]\tau_{zy}=\tau_{yz}=\mu\left(\dfrac{\partial v}{\partial z}+\dfrac{\partial w}{\partial y}\right)\\[2mm]\tau_{xx}=2\mu\dfrac{\partial u}{\partial x}\\[2mm]\tau_{yy}=2\mu\dfrac{\partial v}{\partial y}\\[2mm]\tau_{zz}=2\mu\dfrac{\partial w}{\partial z}\end{cases} \tag{1-38}$$

运用流体本构关系，方程(1-29a)可以改写为

$$f_x\rho-\frac{\partial p}{\partial x}+\frac{\partial}{\partial x}\left(2\mu\frac{\partial u}{\partial x}\right)+\frac{\partial}{\partial y}\left[\mu\left(\frac{\partial u}{\partial y}+\frac{\partial v}{\partial x}\right)\right]+\frac{\partial}{\partial z}\left[\mu\left(\frac{\partial u}{\partial z}+\frac{\partial w}{\partial x}\right)\right]$$

$$=\left(\frac{\partial u}{\partial t}+u\frac{\partial u}{\partial x}+v\frac{\partial u}{\partial y}+w\frac{\partial u}{\partial z}\right)\rho=\frac{\partial u}{\partial t}+\boldsymbol{v}\cdot\mathrm{grad}u \tag{1-39}$$

$$f_x\rho-\frac{\partial p}{\partial x}+\frac{\partial}{\partial x}\left(\mu\frac{\partial u}{\partial x}\right)+\frac{\partial}{\partial y}\left(\mu\frac{\partial u}{\partial y}\right)+\frac{\partial}{\partial z}\left(\mu\frac{\partial u}{\partial z}\right)+\frac{\partial}{\partial x}\left(\mu\frac{\partial u}{\partial x}\right)+\frac{\partial}{\partial y}\mu\left(\frac{\partial v}{\partial y}\right)+\frac{\partial}{\partial z}\left(\mu\frac{\partial w}{\partial z}\right)$$

$$=\left(\frac{\partial u}{\partial t}+u\frac{\partial u}{\partial x}+v\frac{\partial u}{\partial y}+w\frac{\partial u}{\partial z}\right)\rho=\frac{\partial u}{\partial t}+\boldsymbol{v}\cdot\mathrm{grad}u \tag{1-40}$$

$$f_x\rho-\frac{\partial p}{\partial x}+\mathrm{div}\left(\mu\mathrm{grad}u\right)+\frac{\partial}{\partial x}\left(\mu\frac{\partial u}{\partial x}\right)+\frac{\partial}{\partial y}\left(\mu\frac{\partial u}{\partial y}\right)+\frac{\partial}{\partial z}\left(\mu\frac{\partial u}{\partial z}\right)=\frac{\partial u}{\partial t}+\boldsymbol{v}\cdot\mathrm{grad}u \tag{1-41}$$

若流体的动力黏度一定且不可压缩时，引入不可压缩流体连续性方程 $\mathrm{div}(v)=0$，且根据多元函数求导规则，函数在连续条件下求混合偏导时，与求导顺序无关，则式(1-40)可以简化为

$$f_x-\frac{1}{\rho}\frac{\partial p}{\partial x}+\frac{\mu}{\rho}\left(\frac{\partial^2 u}{\partial x^2}+\frac{\partial^2 v}{\partial y^2}+\frac{\partial^2 w}{\partial z^2}\right)=\frac{\partial u}{\partial t}+u\frac{\partial u}{\partial x}+v\frac{\partial u}{\partial y}+w\frac{\partial u}{\partial z} \tag{1-42a}$$

根据同样的假设，分别对 y、z 轴上的动量方程进行推导可得

$$f_y-\frac{1}{\rho}\frac{\partial p}{\partial y}+\frac{\mu}{\rho}\left(\frac{\partial^2 u}{\partial x^2}+\frac{\partial^2 v}{\partial y^2}+\frac{\partial^2 w}{\partial z^2}\right)=\frac{\partial u}{\partial t}+u\frac{\partial u}{\partial x}+v\frac{\partial u}{\partial y}+w\frac{\partial u}{\partial z} \tag{1-42b}$$

$$f_z-\frac{1}{\rho}\frac{\partial p}{\partial z}+\frac{\mu}{\rho}\left(\frac{\partial^2 u}{\partial x^2}+\frac{\partial^2 v}{\partial y^2}+\frac{\partial^2 w}{\partial z^2}\right)=\frac{\partial u}{\partial t}+u\frac{\partial u}{\partial x}+v\frac{\partial u}{\partial y}+w\frac{\partial u}{\partial z} \tag{1-42c}$$

式(1-42)表示，运动中的流体质点受到质量力、压力、黏性力和惯性力，且这四种力平衡，该公式也称为纳维-斯托克斯方程。

1.2.4　流体微元运动

从式(1-35)和式(1-37)得知，微元在流场中的运动形式分为平动、线变形运动、角变形运动和转动。为了说明亥姆霍兹速度分解定理，选取二维平面运动进行分析。

1. 平动

平动表示微元以初速度 v_0 做平移运动，在时间 $\mathrm{d}t$ 内，由图 1-7 中的 $abcd$ 移动到 $a'b'c'd'$ 的位置，运动前后，速度的大小和方向均不发生改变。

2. 线变形运动

在流场中，根据欧拉法描述，流场压强不仅是时间函数，还是空间的函数。流体

微元处在变化的压强场中时，会造成体积的膨胀或者缩小，此时，流体微元发生的运动称为线变形运动，单位时间单位长度内的线变形称为线变形率。

设在单位时间内流体微元从图 1-8 中的实线 $abcd$ 变形为虚线 $a'b'c'd'$。此时 z 轴方向上的拉伸长度为

$$\mathrm{d}z = \left(w + \frac{\partial w}{\partial z}\mathrm{d}z - w\right)\mathrm{d}t = \frac{\partial w}{\partial z}\mathrm{d}z\mathrm{d}t \tag{1-43}$$

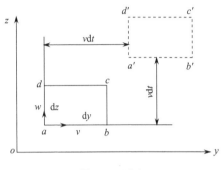

图 1-7　平动　　　　　　　　　　　图 1-8　线变形运动

根据线变形率定义，z 轴方向上的线变形率为

$$\varepsilon_{zz} = \frac{\partial w}{\partial z} \tag{1-44a}$$

同理可得 x、y 轴上的线变形率分别为

$$\varepsilon_{xx} = \frac{\partial u}{\partial x} \tag{1-44b}$$

$$\varepsilon_{yy} = \frac{\partial v}{\partial y} \tag{1-44c}$$

对于不可压缩流体来说，流体不会发生膨胀，所以有

$$\varepsilon_{xx} + \varepsilon_{yy} + \varepsilon_{zz} = 0 \tag{1-45}$$

3. 角变形运动和转动

在图 1-8 所示的线变形运动中，若 $\varepsilon_{zz} = \dfrac{\partial w}{\partial z} \neq 0$，$\varepsilon_{yy} = \dfrac{\partial v}{\partial y} \neq 0$，则流体微元点 c' 处的速度矢量方向不与坐标轴平行，因此流体微元会近似发生如图 1-9 所示的四边形变形，从而产生角变形运动和转动。

只考虑角变形和转动，在 $\mathrm{d}t$ 时间内，流体微元由矩形 $abcd$ 变形为四边形 $a'b'c'd'$。很明显，b 点绕点 a 旋转到了 b' 的位置，此时有

$$\mathrm{d}\beta_1 \approx \tan(\beta_1) = \frac{bb'}{ab} = \frac{\dfrac{\partial w}{\partial y}\mathrm{d}y\mathrm{d}t}{\mathrm{d}y} = \frac{\partial w}{\partial y}\mathrm{d}t \tag{1-46a}$$

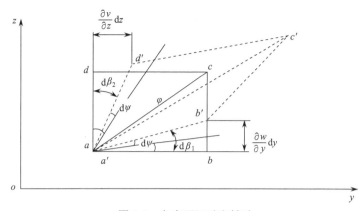

图 1-9 角变形运动和转动

同理可得

$$d\beta_2 \approx \tan(\beta_2) = \frac{dd'}{ad} = \frac{\frac{\partial v}{\partial z}dz dt}{dz} = \frac{\partial v}{\partial z}dt \tag{1-46b}$$

通常认为，流体微元 ab 和 ad 两条边同时相对转过相同的角度 $d\varphi$ 后，微元整体再绕点 a 逆时针旋转 $d\psi$，此时就分为了角变形运动和旋转运动，联立方程求解 $d\varphi$、$d\psi$ 可得

$$d\varphi = \frac{1}{2}(d\beta_1 + d\beta_2) \tag{1-47}$$

$$d\psi = \frac{1}{2}(d\beta_1 - d\beta_2) \tag{1-48}$$

定义单位时间内在某平面上因角变形引起的角度减少量为运动流体在某平面上的角变形速率，在 yoz 平面内的角变形速率（剪切应变率）为

$$\begin{aligned}\varepsilon_{yz} = \varepsilon_{zy} &= \lim_{dt \to 0}\frac{d\varphi}{dt} = \lim_{dt \to 0}\frac{\frac{1}{2}(d\beta_1 + d\beta_2)}{dt} \\ &= \lim_{dt \to 0}\frac{\frac{1}{2}\left(\frac{\partial w}{\partial y}dt + \frac{\partial v}{\partial z}dt\right)}{dt} = \frac{1}{2}\left(\frac{\partial w}{\partial y} + \frac{\partial v}{\partial z}\right)\end{aligned} \tag{1-49a}$$

同理可得，在 xoy 平面、xoz 平面上的角变形速率（剪切应变率）分别为

$$\theta_{xy} = \theta_{yx} = \frac{1}{2}\left(\frac{\partial u}{\partial y} + \frac{\partial v}{\partial x}\right) \tag{1-49b}$$

$$\theta_{xz} = \theta_{zx} = \frac{1}{2}\left(\frac{\partial u}{\partial z} + \frac{\partial w}{\partial x}\right) \tag{1-49c}$$

定义单位时间内流体微元绕定轴转过的角度为旋转速率，流体微元绕 x 轴的旋转速率为

$$\Omega_x = \lim_{dt \to 0}\frac{d\psi}{dt} = \lim_{dt \to 0}\frac{\frac{1}{2}(d\beta_1 - d\beta_2)}{dt} = \lim_{dt \to 0}\frac{\frac{1}{2}\left(\frac{\partial w}{\partial y}dt - \frac{\partial v}{\partial z}dt\right)}{dt} = \frac{1}{2}\left(\frac{\partial w}{\partial y} - \frac{\partial v}{\partial z}\right) \tag{1-50a}$$

同理，绕 y 轴、z 轴的旋转速率分别为

$$\Omega_y = \frac{1}{2}\left(\frac{\partial u}{\partial z} - \frac{\partial w}{\partial x}\right) \tag{1-50b}$$

$$\Omega_z = \frac{1}{2}\left(\frac{\partial v}{\partial x} - \frac{\partial u}{\partial y}\right) \tag{1-50c}$$

若流体微元旋转的速度分量 $\omega_x = \omega_y = \omega_z = 0$，则称为无旋流场，否则称为有旋流场。

1.2.5　伯努利方程

1. 理想流体沿流线伯努利方程

因为理想流体无黏性、不可压缩且恒定流动，所以式(1-29)可改写为

$$f_x\rho - \frac{\partial p}{\partial x} = \frac{\mathrm{d}u}{\mathrm{d}t}\rho \tag{1-51a}$$

$$f_y\rho - \frac{\partial p}{\partial y} = \frac{\mathrm{d}v}{\mathrm{d}t}\rho \tag{1-51b}$$

$$f_z\rho - \frac{\partial p}{\partial z} = \frac{\mathrm{d}w}{\mathrm{d}t}\rho \tag{1-51c}$$

设流体微团沿流线的微小位移 $\mathrm{d}s$ 在三个坐标轴上的投影为 $\mathrm{d}x$、$\mathrm{d}y$ 和 $\mathrm{d}z$。现以式(1-51)中各式分别乘以 $\mathrm{d}x$、$\mathrm{d}y$ 和 $\mathrm{d}z$ 后相加，可得到

$$\left(f_x\mathrm{d}x + f_y\mathrm{d}y + f_z\mathrm{d}z\right) - \frac{1}{\rho}\left(\frac{\partial p}{\partial x}\mathrm{d}x + \frac{\partial p}{\partial y}\mathrm{d}y + \frac{\partial p}{\partial z}\mathrm{d}z\right) = \frac{\mathrm{d}v_x}{\mathrm{d}t}\mathrm{d}x + \frac{\mathrm{d}v_y}{\mathrm{d}t}\mathrm{d}y + \frac{\mathrm{d}v_z}{\mathrm{d}t}\mathrm{d}z \tag{1-52}$$

在下列假定条件下，对式(1-51)进行分析：

(1)对于不可压缩理想流体的定常流动。$\rho = $ 常数，$\frac{\partial p}{\partial x}\mathrm{d}x + \frac{\partial p}{\partial y}\mathrm{d}y + \frac{\partial p}{\partial z}\mathrm{d}z = \mathrm{d}p$，则

$$\frac{1}{\rho}\left(\frac{\partial p}{\partial x}\mathrm{d}x + \frac{\partial p}{\partial y}\mathrm{d}y + \frac{\partial p}{\partial z}\mathrm{d}z\right) = \frac{1}{\rho}\mathrm{d}p = \mathrm{d}\left(\frac{p}{\rho}\right) \tag{1-53}$$

(2)质量力只有重力，$f_x = 0, f_y = 0, f_z = -g$，则

$$f_x\mathrm{d}x + f_y\mathrm{d}y + f_z\mathrm{d}z = -gf_z \tag{1-54}$$

(3)沿同一微元流束(即沿流线)积分，定常流动，流线与迹线重合，有

$$\mathrm{d}x = v_x\mathrm{d}t,\ \ \mathrm{d}y = v_y\mathrm{d}t,\ \ \mathrm{d}z = v_z\mathrm{d}t$$

$$\frac{\mathrm{d}v_x}{\mathrm{d}t}\mathrm{d}x + \frac{\mathrm{d}v_y}{\mathrm{d}t}\mathrm{d}y + \frac{\mathrm{d}v_z}{\mathrm{d}t}\mathrm{d}z = \mathrm{d}\left(\frac{v_x^2 + v_y^2 + v_z^2}{2}\right) = \mathrm{d}\left(\frac{v^2}{2}\right) \tag{1-55}$$

将式(1-53)~式(1-55)代入式(1-52)得

$$g\mathrm{d}z + \frac{1}{\rho}\mathrm{d}p + \frac{1}{2}\mathrm{d}v^2 = 0$$

沿流线进行积分得

$$gz + \frac{p}{\rho} + \frac{v^2}{2} = 常数 \quad 或 \quad z + \frac{p}{\rho g} + \frac{v^2}{2g} = 常数 \tag{1-56}$$

式(1-56)称为理想流体(微元流束)的伯努利方程。对静止流体，$v = 0$，则式(1-56)简化为静力学基本方程

$$z + \frac{p}{\rho g} = 常数 \tag{1-57}$$

2. 理想流体总流伯努利方程

实际上，研究过程中，更倾向于研究断流截面流体的流动而不是单独研究某一流线上的流动，因此需要对理想流体沿线伯努利方程进行修正。

$$z_1 + \frac{p_1}{\rho g} + \frac{\alpha_1 v_1^2}{2g} = z_2 + \frac{p_2}{\rho g} + \frac{\alpha_2 v_2^2}{2g} \tag{1-58}$$

式中，v_1、v_2 分别为过流断面的平均速度($\mathrm{m/s}$)；α_1、α_2 为总流的动能修正系数。

3. 实际流体总流伯努利方程

实际流体流动过程中，因黏性力的存在，以及流经弯管、过流断面截面突变等地方会造成能量损失，需要对理想流体伯努利方程进行修正。

$$z_1 + \frac{p_1}{\rho g} + \frac{\alpha_1 v_1^2}{2g} = z_2 + \frac{p_2}{\rho g} + \frac{\alpha_2 v_2^2}{2g} + h_f \tag{1-59}$$

式中，h_f 为水头损失(m)。

该方程仅适用于实际流体在没有能量输入的情况下，不可压缩均质流体在重力作用下作定常流动，所选取的断流截面也需要满足缓慢流动的条件。

1.2.6　能量方程

根据能量守恒定律可知，单位时间内进入系统的热量 + 力对系统的做功 = 系统储存能量的变化量。图 1-10 为 x 轴方向上的流体微元做功示意图。

进入微元的热量 Q 包括由热传导引起的能量变化 Q_1 和因辐射等原因造成的微元热量 Q_2。设 x 轴方向上的热流密度为 $\dot{q}_x$，单位时间内的微元热传导变化量为

$$Q_{1x} = \left(\dot{q}_x + \frac{\partial \dot{q}_x}{\partial x} \mathrm{d}x \right) \mathrm{d}y\mathrm{d}z - \dot{q}_x \mathrm{d}y\mathrm{d}z = \frac{\partial \dot{q}_x}{\partial x} \mathrm{d}x\mathrm{d}y\mathrm{d}z \tag{1-60a}$$

同理可得，单位时间内 y 轴、z 轴的微元热传导变化量分别为

$$Q_{1y} = \left(\dot{q}_y + \frac{\partial \dot{q}_y}{\partial y} \mathrm{d}y \right) \mathrm{d}x\mathrm{d}z - \dot{q}_y \mathrm{d}x\mathrm{d}z = \frac{\partial \dot{q}_y}{\partial y} \mathrm{d}x\mathrm{d}y\mathrm{d}z \tag{1-60b}$$

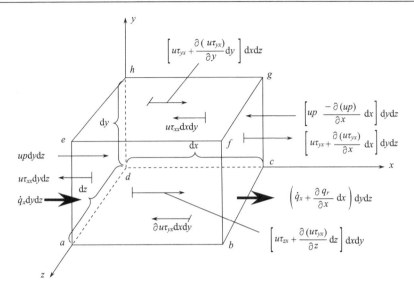

图 1-10　x 轴方向上的流体微元做功示意图

$$Q_{1z} = \left(\dot{q}_z + \frac{\partial \dot{q}_z}{\partial z} dz \right) \mathrm{d}x\mathrm{d}y - \dot{q}_z \mathrm{d}x\mathrm{d}y = \frac{\partial \dot{q}_z}{\partial z} \mathrm{d}x\mathrm{d}y\mathrm{d}z \qquad (1\text{-}60\mathrm{c})$$

根据傅里叶导热定律，将 $q = \lambda \dfrac{\partial T}{\partial n}$ 代入式 (1-60) 可得

$$Q_{1x} = \frac{\partial}{\partial x}\left(\lambda \frac{\partial T}{\partial x} \right) \mathrm{d}x\mathrm{d}y\mathrm{d}z \qquad (1\text{-}61\mathrm{a})$$

$$Q_{1y} = \frac{\partial}{\partial y}\left(\lambda \frac{\partial T}{\partial y} \right) \mathrm{d}x\mathrm{d}y\mathrm{d}z \qquad (1\text{-}61\mathrm{b})$$

$$Q_{1z} = \frac{\partial}{\partial z}\left(\lambda \frac{\partial T}{\partial z} \right) \mathrm{d}x\mathrm{d}y\mathrm{d}z \qquad (1\text{-}61\mathrm{c})$$

设热辐射单位体积的比加热量为 q，单位时间内的微元加热量 Q_2 为

$$Q_2 = q\rho\mathrm{d}x\mathrm{d}y\mathrm{d}z \qquad (1\text{-}62)$$

进入微元的热量 Q 为

$$Q - Q_1 + Q_2 = \left[\frac{\partial}{\partial x}\left(\lambda \frac{\partial T}{\partial x} \right) + \frac{\partial}{\partial y}\left(\lambda \frac{\partial T}{\partial y} \right) + \frac{\partial}{\partial z}\left(\lambda \frac{\partial T}{\partial z} \right) \right]\mathrm{d}x\mathrm{d}y\mathrm{d}z + q\rho\mathrm{d}x\mathrm{d}y\mathrm{d}z \qquad (1\text{-}63)$$

力对微元的做功 W 包括质量力对流体微元做功 W_1 和表面力对流体微元做功 W_2。
单位时间内，x 轴、y 轴、z 轴方向上的质量力对流体微元做功分别为

$$W_{1x} = \rho f_x u\mathrm{d}x\mathrm{d}y\mathrm{d}z \qquad (1\text{-}64\mathrm{a})$$

$$W_{1y} = \rho f_y v\mathrm{d}x\mathrm{d}y\mathrm{d}z \qquad (1\text{-}64\mathrm{b})$$

$$W_{1z} = \rho f_z w\mathrm{d}x\mathrm{d}y\mathrm{d}z \qquad (1\text{-}64\mathrm{c})$$

单位时间内，x 轴方向上的表面力对流体微元做功 W_{2x} 为

$$W_{2x} = up\mathrm{d}y\mathrm{d}z - \left[up + \frac{\partial(up)}{\partial x}\mathrm{d}x\right]\mathrm{d}y\mathrm{d}z + \left[u\tau_{xx} + \frac{\partial(u\tau_{xx})}{\partial x}\mathrm{d}x\right]\mathrm{d}y\mathrm{d}z - u\tau_{xx}\mathrm{d}y\mathrm{d}z$$

$$+ \left[u\tau_{yx} + \frac{\partial(u\tau_{yx})}{\partial y}\mathrm{d}y\right]\mathrm{d}x\mathrm{d}z - u\tau_{yx}\mathrm{d}x\mathrm{d}z + \left[u\tau_{zy} + \frac{\partial(u\tau_{zx})}{\partial z}\mathrm{d}z\right]\mathrm{d}x\mathrm{d}y - u\tau_{zx}\mathrm{d}x\mathrm{d}y$$

$$= \left[-\frac{\partial(up)}{\partial x} + \frac{\partial(u\tau_{xx})}{\partial x} + \frac{\partial(u\tau_{yx})}{\partial y} + \frac{\partial(u\tau_{zx})}{\partial z}\right]\mathrm{d}x\mathrm{d}y\mathrm{d}z \tag{1-65a}$$

同理可得，单位时间内，y 轴、z 轴方向上的表面力对流体微元做功分别为

$$W_{2y} = \left[-\frac{\partial(vp)}{\partial y} + \frac{\partial(v\tau_{yy})}{\partial y} + \frac{\partial(v\tau_{xy})}{\partial x} + \frac{\partial(v\tau_{zy})}{\partial z}\right]\mathrm{d}x\mathrm{d}y\mathrm{d}z \tag{1-65b}$$

$$W_{2z} = \left[-\frac{\partial(wp)}{\partial z} + \frac{\partial(w\tau_{zz})}{\partial z} + \frac{\partial(w\tau_{xz})}{\partial x} + \frac{\partial(w\tau_{zy})}{\partial y}\right]\mathrm{d}x\mathrm{d}y\mathrm{d}z \tag{1-65c}$$

力对微元的做功 W 为

$$W = W_1 + W_2 \tag{1-66}$$

$$W = (\rho f_x u + \rho f_y v + \rho f_z w)\mathrm{d}x\mathrm{d}y\mathrm{d}z$$

$$+ \left\{\begin{array}{l} \left[-\dfrac{\partial(up)}{\partial x} + \dfrac{\partial(u\tau_{xx})}{\partial x} + \dfrac{\partial(u\tau_{yx})}{\partial y} + \dfrac{\partial(u\tau_{zx})}{\partial z}\right] \\[2mm] + \left[-\dfrac{\partial(vp)}{\partial y} + \dfrac{\partial(v\tau_{yy})}{\partial y} + \dfrac{\partial(v\tau_{xy})}{\partial x} + \dfrac{\partial(v\tau_{zy})}{\partial z}\right] \\[2mm] + \left[-\dfrac{\partial(wp)}{\partial z} + \dfrac{\partial(w\tau_{zz})}{\partial z} + \dfrac{\partial(w\tau_{xz})}{\partial x} + \dfrac{\partial(w\tau_{zy})}{\partial y}\right] \end{array}\right\}\mathrm{d}x\mathrm{d}y\mathrm{d}z \tag{1-67}$$

微元储存能量的变化量 E 包括微元的热力学能 U 的变化量、微元的动能 E_k 的变化量和微元的位能 E_p 的变化量，后者与参考平面选取有关，一般可不予考虑。

单位时间内微元储存的能量变化 E 为

$$E = \frac{\mathrm{d}\left(u + \dfrac{v^2}{2}\right)}{\mathrm{d}t}\mathrm{d}x\mathrm{d}y\mathrm{d}z \tag{1-68}$$

因此，根据能量守恒，有

$$Q + W = E \tag{1-69}$$

将式(1-63)、式(1-67)、式(1-68)代入式(1-69)，可得到流体的能量方程为

$$\frac{\mathrm{d}\left(u + \dfrac{v^2}{2}\right)}{\mathrm{d}t} = \left[\frac{\partial}{\partial x}\left(\lambda\frac{\partial T}{\partial x}\right) + \frac{\partial}{\partial y}\left(\lambda\frac{\partial T}{\partial y}\right) + \frac{\partial}{\partial z}\left(\lambda\frac{\partial T}{\partial z}\right)\right] + q\rho + \left(\rho f_x u + \rho f_y v + \rho f_z w\right)$$

$$+\left\{\begin{array}{l}\left[-\dfrac{\partial(up)}{\partial x}+\dfrac{\partial(u\tau_{xx})}{\partial x}+\dfrac{\partial(u\tau_{yx})}{\partial y}+\dfrac{\partial(u\tau_{zx})}{\partial z}\right]+\left[-\dfrac{\partial(vp)}{\partial y}+\dfrac{\partial(v\tau_{yy})}{\partial y}+\dfrac{\partial(v\tau_{xy})}{\partial x}+\dfrac{\partial(v\tau_{zy})}{\partial z}\right]\\ +\left[-\dfrac{\partial(wp)}{\partial z}+\dfrac{\partial(w\tau_{zz})}{\partial z}+\dfrac{\partial(w\tau_{xz})}{\partial x}+\dfrac{\partial(w\tau_{yz})}{\partial y}\right]\end{array}\right\}$$

$$\tag{1-70}$$

式中，偏应力张量 τ_{yx}、τ_{zx}、τ_{xy}、τ_{zy}、τ_{xz}、τ_{yz} 服从流体本构关系。

对于理想流体或静止流体而言，比焓 $h=u+pv=u$，有

$$u=h=c_pT \tag{1-71}$$

式中，c_p 为流体的定压比热容[J/(kg·K)]。

1.2.7　流体控制方程

流体力学是连续介质力学的一门分支，是研究流体(包含气体、液体、等离子态等)现象及相关力学行为的科学。基于牛顿第二定律，纳维-斯托克斯方程可表示流体运动与作用于流体上的力的相互关系。纳维-斯托克斯方程是非线性微分方程，包含流体的运动速度、压强、密度、黏度、温度等变量，而这些都是空间位置和时间的函数。

对于一般的流体运动学问题，需要结合质量守恒方程、动量守恒方程、能量守恒方程及介质的材料性质来一同求解。鉴于其复杂性，通常只有在给定边界条件的情况下，通过计算机数值计算的方式才可以求解。

在非能动梭式结构智能控制技术中，对于不可压缩流体，它在梭式阀阀腔内流动时，在不考虑温度变化的条件下，需应用质量守恒方程和动量守恒方程，具体如下。

1. 质量守恒方程

$$\frac{\partial(\rho)}{\partial t}+\nabla(\rho\boldsymbol{u})=0 \tag{1-72}$$

2. 动量守恒方程

$$\frac{\partial(\rho\boldsymbol{u})}{\partial t}+\nabla(\rho\boldsymbol{uu})=-\nabla p+\nabla\left[\boldsymbol{u}(\nabla\boldsymbol{u}+\nabla\boldsymbol{u}^{\mathrm{T}})\right]+F \tag{1-73}$$

式中，ρ 为流体密度(kg/m³)；$\boldsymbol{u}$ 为流体速度矢量(m/s)；p 为压强(Pa)；F 为作用在单位体积流体上的质量力(N/m³)。

3. 湍流模型

在梭式阀中，考虑湍流的影响，常用标准 k-ε 模型，其形式简单且精度高，得到了广泛应用，其中 k 和 ε 是两个基本未知量，分别表示湍流动能和动能耗散，与之相对应的输运方程分别为

$$\frac{\partial(\rho k)}{\partial t}+\frac{\partial(\rho k\mu_i)}{\partial x_i}=\frac{\partial}{\partial x_j}\left[\left(\mu+\frac{\mu_i}{\sigma_k}\right)\frac{\partial k}{\partial x_j}\right]+G_k+G_b-\rho\varepsilon-Y_M+S_k \tag{1-74}$$

$$\frac{\partial(\rho\varepsilon)}{\partial t}+\frac{\partial(\rho\varepsilon\mu_i)}{\partial x_i}=\frac{\partial}{\partial x_j}\left[\left(\mu+\frac{\mu_i}{\sigma_\tau}\right)\frac{\partial\varepsilon}{\partial x_j}\right]+C_{1\tau}\frac{\varepsilon}{k}(G_k+C_{3\tau}G_b)-C_{2\tau}\rho\frac{\varepsilon^2}{k}S_\tau \tag{1-75}$$

式中，G_b 为由平均速度梯度而造成的湍流动能项；G_k 为由浮力而产生的湍流动能项；μ_i 为湍流黏度系数；Y_M 为湍流马赫数；$C_{1\tau}$、$C_{2\tau}$、C_3 为模型常数；S_k、S_τ 为用户自定义源项；μ 为流体黏度。

各模型常数的值如表 1-1 所示（σ_k、σ_τ 分别表示为 k 和 ε 的湍流普朗特数）。

表 1-1　k-ε 模型常数

$C_{1\tau}$	$C_{2\tau}$	$C_{3\tau}$	σ_k	σ_τ
1.44	1.92	0.09	1.0	1.3

第2章 非能动梭式控制技术的概况

在古代，人类就利用自然界中客观存在的风力、水力、生物力等自然力发明了水车、风车、井盐开采等，应用在抽水、碾米等许多领域。这些都属于利用自然力与流体系统自身能力，安全可靠地改变系统状态的非能动应用。近年来，研究人员逐渐提出了非能动技术的概念、意义、定义等，科学地描述非能动技术，并应用于核电、火电等能源领域和压力管道的非能动控制。

非能动技术是指流体系统内的流体能量，包括动力、重力、惯性、密度、压力差等根据外界物理因素变化而安全可靠地改变，这种改变不依赖于外部的触发和动力源。目前，非能动技术主要有美国核电站采用的非能动安全技术和我国结构智能化的非能动控制技术等。

非能动安全技术以自然循环原理为主，靠自然对流、重力、蓄压势等自然特性驱动实现安全功能的系统，其部件不依赖外部输入而执行功能，非能动部件内一般没有活动的组成部分，在感受到压力、温度、流量等参数变化后，执行系以不可逆的方式完成预设的自然循环。AP1000核电站非能动安全系统主要包括应急堆芯冷却系统、安全注入系统和自动降压系统、非能动余热排出系统、非能动安全壳冷却系统等。

非能动控制技术以自动控制原理为主，依靠流体系统的智能化结构和系统内部的自然动力、压力差等，在外界物理因素发生变化时安全可靠地实现自动调节控制和保护。通常，它内部设有集敏感、控制、执行为一体的活动部件，在感受到流体系统内的动力、重力、惯性、密度、压力、温度等发生变化时，由活动部件进行智能判断，并由系统内部能量驱动活动部件自动执行完成控制，这种执行动作或变化可无级预设定，而且是可逆的，可划分为非能动梭式控制技术和其他非能动控制技术两类。

2.1 非能动安全技术的概述

20世纪80年代，美国科学家首次明确地设计出了非能动系统，当时安全分析专家认为非能动系统几乎具有完美的可靠性(即可靠性约等于1)，忽略了非能动系统可靠性融合进核电厂整体概率的安全评价(probabilistic safety assessment，PSA)或可靠性模型的必要性。自20世纪90年代以来，实际观察到非能动系统与预期运行存在一些偏差，人们开始逐渐意识到非能动系统与其他工程系统相似，同样会发生失效。在某些情况下，驱使非能动系统自然法则的建立条件不成立或自然法则成立但系统提供的能力不足，导致非能动系统无法达到规定的功能效果(输出参量大于或小于规定值)，非能动系统处于失效状态。这对非能动系统可靠性评价融合进核电厂整体概率的安全评价模型或可靠性模型提出了迫切需求。

2.1.1　AP600 核电站非能动安全技术

1985 年，美国西屋电气公司在 27 年的压水堆设计和运行经验的基础上，开始了非能动压水堆 AP600 的开发研究工作，对非能动安全系统进行了大量的试验研究，开发了适用于非能动先进压水堆设计和安全分析的程序。AP600 核电站的功率为 600MW（反应堆热功率为 1933MW），采用非能动安全系统来提高核电厂的安全性，非能动安全技术的使用简化了核电厂系统，提高了安全性、可靠性，以及降低了投资风险和发电成本。AP600 核电站的研发经历了 13 年的时间，于 1998 年 9 月通过安全审评，获得了美国核管理委员会颁发的最终设计批准书，并于 1999 年 12 月完成公众听证程序后获得了美国核管理委员会颁发的设计证书。据统计，在 AP600 核电站的研发过程中，西屋电气公司共投入了 1300 人/年的工作量，完成了 12000 份设计文件，耗资近 6 亿美元。

2.1.2　AP1000 核电站非能动安全技术

1. AP1000 核电站研发设计历程

1999 年 12 月，西屋电气公司在已开发的 AP600 核电站的基础上，启动了 AP1000 核电站的研究开发工作。AP1000 核电站的设计保留了 AP600 核电站的设计结构，充分利用成熟设备/部件，并以 AP600 获得的许可证为基础，AP1000 核电站发电机的输出电功率约为 1250MW（反应堆热功率为 3400MW）。AP1000 核电站的标准设计和安全审查历时 5 年，于 2004 年 9 月通过了安全审评，取得了美国核管理委员会颁发的 AP1000 最终设计批准书，完成公众听证程序后，于 2005 年 12 月 30 日获得设计证书。

在反应堆和非能动安全特点上，AP1000 保留了与 AP600 相同的结构和配置。反应堆主要部件的容量有所增大，以支持反应堆额定电功率的增加。AP1000 的设计方法证明了非能动安全设施（堆芯冷却及安全壳冷却）在更高的额定功率下仍然具有足够的安全裕量。安全评价表明，AP1000 的非能动安全系统在预防和缓解事故时拥有良好的特性。

2. AP1000 核电站的非能动安全技术

AP1000 核电站是两回路的压水型反应堆，采用非能动安全设施和简化的电厂设计，使得核电厂具有良好的可建造性、可运行性和可维护性。除了在部件尺寸方面有变化外，其非能动安全系统与 AP600 核电站基本相同。

安全系统最大限度地利用了压缩空气膨胀、重力及自然循环等自然驱动力，在设计中采用了非能动的严重事故预防和缓解措施，简化了安全系统配置，减少了安全支持系统，大幅度地减少了安全级设备（包括核级电动阀、泵和电缆等）及抗震厂房，取消了 1E 级应急柴油发电机系统和大部分安全级能动设备，明显降低了对大宗材料的需求。安全系统不再采用能动部件（如泵、风机等），且支持系统（如交流电源、设备冷却水、厂用水或者暖通空调系统等）无须设计成安全级，产生了设计简化、系统设置简化、工艺布置简化、施工量减少、工期缩短、应急响应时限要求降低等一系列效应。由此,简化了运行,减小了系统复杂程度,也大大降低了发生人为错误的可能性,提高了核电厂的运行可靠性,使 AP1000 核电站的安全性能得到显著提高的同时也提高了经济竞争力。

例如,AP1000 核电站配备安全防线装水量总计 5000 余吨的 4 个大水箱,紧急情况下不需要交流电源和应急发电机,利用引力、物质重力、气体膨胀、密度差引起的对流、蒸发、冷凝等自然循环来驱动安全系统,冷却反应堆堆芯带走堆芯余热。AP1000核电站非能动安全系统包括应急堆芯冷却系统、安全注入系统和自动降压系统、非能动余热排出系统、非能动安全壳冷却系统等,发生事故并失去交流电源后,72h 以内无须操纵员动作,可以保持堆芯的冷却和安全壳的完整性,把人为失误的风险降到最小。

非能动安全系统的设计能够满足单一故障准则,它包含更少的系统和部件,因而能够减少试验、检查和维护的工作量。非能动安全系统远距离控制阀门的数量只有典型能动安全系统的 1/3,且不包含任何泵。同时,非能动安全系统中,核电厂堆芯反应堆冷却剂系统或者其余部分的设计不需要做出根本性的改变。

2.2　非能动梭式控制技术的发展历程

非能动梭式控制技术是由我国曾祥炜研究员提出的,经过其团队 50 余年的研发,已广泛应用于多个民用与国防领域。从 20 世纪 60 年代起,曾祥炜开始自主研发"靠系统自身能量的控制"理念的自力式(非能动)流体控制元件,其发展历程可大致划分为三个阶段,即萌芽阶段、成长阶段和发展阶段。

2.2.1　萌芽阶段

1. 自然力量运用的探索

20 世纪 60 年代,曾祥炜分配到四川省甘孜藏族自治州丹巴云母矿任技术员,这里海拔高、生存条件恶劣,在雨季,泥石流、塌方、滚石随时发生,导致矿区发电站、动力站空压机管道、水管道、油管道等爆裂,维修技术员需要对管道进行循环反复的维修。这些工作引起了工作人员的思索,遇到的事故往往源于大自然的动能、势能或压力能,它们取之不尽,用之不竭。而管道中的流体也是有能量的,那能否用这种能量来控制流体系统本身呢? 由此,曾祥炜开始了自主研发"靠系统自身能量控制"的流体控制元件的探索。他所在矿区的水电站,电站主管道安装了德国生产的蝴蝶阀,有一次蝴蝶阀的电液驱动部件瘫痪,导致整个电站无法运转,严重影响矿区生产,在抢修中他利用主管道自身水压,自身压力经放大后成功唤醒该阀正常工作,使水电站恢复运转。这次抢修成功的案例激励着他探索"靠系统自身能量控制",不断地应用于矿山、水电站的流体设备,防止水击,进行管道爆破保护。

2. 国外交流坚定研发信心

1983 年，曾祥炜在伊拉克的某工厂担任液压与自动化工程师，该工厂采用的是德国 KARL 公司的成套设备，集中了多个国家的技术人员。在这个技术的"联合国"里，他利用相关技术先后解决了美国、德国、英国的高温高压设备元件控制阀失控、泄漏、管道爆破等问题。1984 年，三条自动化生产线上的大型主机械手，因高温高压使桥式整流块中调节阀出现严重泄漏，导致生产线瘫痪、工厂停顿，需等待德国元件运到更换。曾祥炜设计出替代桥式整流块的简易梭式双向调节阀并在游泳池水管中小试成功，他更加坚定了"靠系统自身能量控制"和保护研究的信心。多年后实现其技术的简化和升华，并成功申报了美国、德国、英国发明专利。

2.2.2　成长阶段

1. 成功获得国内外发明专利权并实现工程应用

20 世纪 80 年代，曾祥炜先后申报了中国、美国、德国、加拿大、日本等国家的发明专利，成为我国第一代非职务专利权人及第一批拥有外国发明专利的专利权人。其中，梭式差流可调梭阀(非能动控制元件)获美国发明专利授权。国家专利局将差流可调梭阀推荐给美国公司，他的研究成果应用到国外的设备上。差流可调梭阀的五国专利证书如图 2-1 所示。

20 世纪 90 年代，曾祥炜组建团队，研发非能动梭式结构智能控制元件和单元并将其产品化推广应用。其中，非能动梭式流体控制阀(元件)产品，率先解决了困扰航空煤油巨型油罐储运消防体系多年的严重泄漏、开启压力大等安全隐患问题，避免灾难性事故发生；解决了进口尿素装置、甲胺液系统在高温、高压、强腐蚀下主控制阀严重失控的问题，避免泄漏反转、昂贵的主泵或涡轮增压系统毁坏问题，并将这些专利转化的成果替代进口产品，用于最重要的工业领域和国防领域，为解决多个重大技术难题做出了巨大贡献。

2. 非能动梭式控制元件引起国际学术界关注

1994 年，曾祥炜带着由加仑桶、洗脸盆、洗衣机水管、双向可调阀构成的双向差流调节装置奔赴美国参加国际发明展览会，他用最简单的差流可调梭阀演示装置，精准地展示了双向差流调节功能。该装置在国际发明展上获得了金奖。继而，该装置获德国、日本、加拿大等国家的发明专利，引起了国际学术界关注，相关技术产品先后获首届国际专利及技术设备展览会金奖、中国国家技术发明奖和第 7 届国际发明展览会金奖。

图 2-1　差流可调梭阀五国专利证书

3. 非能动梭式控制技术专利的国际化

1999～2000 年，在国家知识产权局的推动和资助下，曾祥炜率先基于《专利合作条约（Patent Cooperation Treaty，PCT）》提出相关专利申请，从现存的多份 PCT 批准文件可以看出技术的领先性，由此我国及时地占领了非能动梭式控制技术的高地。

2.2.3　发展阶段

1. 成立专门的研发团队展开非能动控制深入研究

21 世纪初，曾祥炜组织了专门研发团队，进一步研发非能动梭式结构智能控制系统。其中，管道爆破保护装置为管道事故的处理提供了全新的解决思路。

20 世纪 90 年代末，曾祥炜关于"压力管道梭式非能动控制系统"的研究论文陆续在《科技导报》、国际会议论文集中刊出。1996 年，他在《科学导报》上发表了"关于推广水电站第三代调压器的建议"论文，在国际上率先提出用地面储能罐配以差流可调梭阀构成差流调节器（即非能动控制），实现压力管道的水击防护。2001 年，申请了多项关于非能动梭式控制管道爆破保护的国内外发明专利，在美国机械工程师协会（American Society of Mechanical Engineers，ASME）组织的国际会议上发表 *A Novel Gas/Hydraulic Speed Adjustment System* 论文。2002 年、2004 年、2006 年分别在第 8～10 届世界控制学、分类学、信息学国际联合会议上发表了 *A Serial New Basic Circuit of Fluid Control-the Structure of Shuttle-Controlled Components*、*Shuttle-Type Passive Control System for Pressure Pipeline Conveying*、*FSB Passive Shuttle-Controlled PSA Devices* 三篇论文。2005 年在世界系统学、控制学和信息学年会上发表了"压力管道梭式非能动控制系统——管道爆破保护装置"论文。针对大连输油管爆炸事故，2012 年在《中国工程科学》上发表"从大连输油管爆炸反思油气设备驱动方式——非能动控制驱动对油气储运的特殊意义"论文。2014 年，非能动梭式压力管道爆破保护装置介绍，由 CCTV-10《发明梦工厂》栏目专题播出。

2. 非能动梭式控制技术进入核电等高新技术领域

曾祥炜团队着眼于世界重要的能源与动力领域，先后研究设计了火电站超临界和超超临界机组主蒸汽隔离阀、核电站主蒸汽隔离阀和反应堆芯冷却系统用止回阀等，设计了氢能源、石化、垃圾处理等高温高压强腐蚀系统的非能动高可靠安全性元件和系统。针对日本福岛第一核电站事故，申请了反应堆严重事故非能动应急冷却系统发明专利，2012 年在动力与能源系统国际会议上发表了"建议增设反应堆严重事故非能动应急冷却系统"论文。团队不懈努力，不断推进非能动控制技术的创新研发，为解决人类遭遇的灾难，为迅猛发展的能动技术提供必要补充和新的技术思考。

2.3　非能动梭式控制技术的基本概念

2.3.1　基本原理

20 世纪 60 年代，曾祥炜研究员率先自主立题，研发具有非能动理念的"靠系统自身能量控制"的压力管道流体控制技术，首先应用于矿山、石化、机床等通用领域，实现了压力管道的非能动控制。该技术可适应沙漠、海洋等特殊环境，危险化学品等特殊介质，高温高压、低温低压、水击、汽蚀等特殊工况，提高了流体控制精度，简化了系统，增强了安全可靠性，大幅度降低了成本。

压力管道控制系统的关键部件为自由梭，包含自由梭的元件称为非能动梭式控制元件。自由梭是集敏感、控制、执行为一体的活动部件，悬浮于密闭连续的压力管道流体系统中，与管道轴心线完全对称、平衡，可对其进行正、反向轴线运动的限制，位移和预设力限制不同，可以产生不同的功能。

在压力管道控制系统中，自由梭在感受到流体系统内的动力、重力、惯性、密度、压力、温度等变化后，依托于控制元件的智能化结构施加控制，利用系统自身能量驱动自动执行预设动作，这些执行动作是可逆的，是可以无级预设的，包括依靠压差实现翻转，将失衡后的差动特性直接或经放大后用于系统控制，实现无须外设动力源的单一或多个功能。例如，单一功能元件有梭式特种止回阀、梭式回流阀等，多种功能元件有梭式单通道双向等流元件、梭式双向节流阀等。

非能动梭式控制技术是指通过非能动梭式控制(逻辑)元件的多位置、多方向、多维度的不同模式组合，可根据不同的结构状态形成不同的逻辑回路，系统可智能地改变相关参数，实现系统自身调节控制和保护。这里的结构既包括控制元件的设计结构，也包括多个控制元件的系统结构，这些结构使得压力管道系统可以根据外部物理因素的变化而在系统自身能量驱动下智能地控制系统状态，因此称为结构智能化的非能动梭式控制技术或非能动梭式结构智能控制技术。

新系统为进一步提高控制精度、简化系统、增强安全可靠性并大幅度降低成本带来了新的选择。目前，非能动梭式结构智能控制系统有梭式管道爆破保护装置、梭式工作缸的速度控制装置、梭式双罐交替工作装置、梭式防水击抗脉冲振荡装置、反应堆严重事故非能动应急冷却装置、梭式非能动驱动轴流切断装置、非能动梭式控制压力管道输送系统等。

2.3.2　主要特征

非能动梭式控制技术是流体工程、信息科学、仿生科学和材料科学等领域相互渗透与融合的新兴技术，是近年来控制领域的先进控制技术之一。非能动是指依靠系统介质的物理特性来完成系统功能，如重力或压差等，即利用系统内部的能量来安全可靠地改变系统自身的状态而不需要外加动力源。

1. 自诊断、自适应、自保护的特性

流动变化的载体具有自诊断、自适应、自保护的特性，在爆破、泄漏后可以实现自动关闭的功能，并且在危险时会自己保护自己。它是直接、真实、可靠地传递驱动能量的动力，其压力波传递的速度能满足非能动控制响应速度的要求，比模拟、虚拟技术更节能、安全、真实、精准。

2. 无外设动力源的生态自然特性

无须附加动力源和复杂控制系统，只需要依靠自然力和系统自身能量，非能动梭式结构智能控制技术可兼容于现有控制系统、互联网系统、物联网系统、智慧城市系统等，也能适应沙漠、河流、海洋、森林、冰雪等特殊环境，适用于有毒有害、易燃易爆、强腐蚀等特殊介质，适用于高温高压、低温低压、水击汽蚀等特殊工况等。因此，它比附加电机、压力油罐、柴油动力、燃气轮机发电等外能驱动的系统更加简单安全可靠,并且有利于生态环境的安全,也解决了长期困扰人类的防灾减灾的问题。

3. 结构对称平衡具有智能化特性

1) 现有能动闸阀、球阀、蝶阀、滑阀技术

现有能动控制大量采用闸阀、球阀、蝶阀、止回阀、滑阀,其打开、关闭、调节、保护过程需切割管道流体主流道,需要电动、气动、液动外设动力源或现场手动操作。当外设动力源失效,手动无法接近时,就无法实现及时反应、及时切断、及时阻止。虽然这些技术的部分系统增设了重锤、外接缓冲缸等,希望取得理想的启闭效果,但结构复杂,制造困难,密封也不贴合,严重影响密封和寿命,具有重量大、结构尺寸大、成本高等缺点。

最新、最先进的第二代、第三代核电堆芯系统等重要工业系统中大量采用能动类闸阀、截止阀,因结构原理等,困扰系统的水击、脉冲振荡、泄漏、冲蚀、汽蚀、噪声、安装角度不合适等问题时有发生。现有能动阀门的主要结构形式如图 2-2 所示。

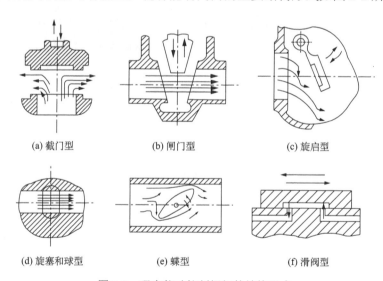

(a) 截门型　　　　　(b) 闸门型　　　　　(c) 旋启型

(d) 旋塞和球型　　　　(e) 蝶型　　　　　(f) 滑阀型

图 2-2　现有能动控制阀门的结构形式

2) 非能动梭式系列阀的技术优势

非能动梭式二通阀(差流可调梭阀)、非能动梭式三通阀、非能动梭式四通阀。非能动梭式系列阀产品如图 2-3 所示,这三类非能动控制基本阀门的原理图如图 2-4 所示。

非能动梭式系列阀中,自由梭的运动方向与主流道方向一致,由系统自身能量实现启闭与控制,因此能耗小、密封好、寿命长。另外,其结构简单,制造方便,密封同轴同心,密封贴合完好,具备重量轻、体积小、结构长度小、成本低等优点。图 2-5 所示为非能动梭式止回阀与旋启式止回阀启闭时的速度场仿真结果,从图中可以看出,非能动梭式止回阀的速度场均匀程度明显高于旋启式止回阀。

图 2-3　非能动梭式系列阀产品

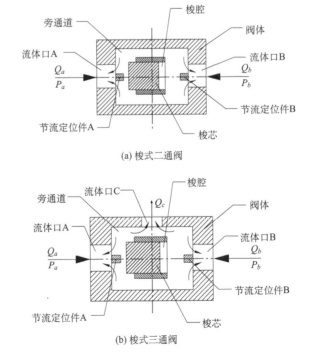

(a) 梭式二通阀

(b) 梭式三通阀

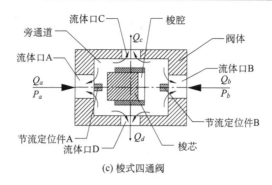

(c) 梭式四通阀

图 2-4 三类非能动控制基本阀门的原理图

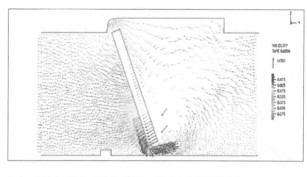

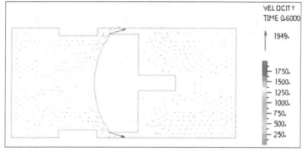

图 2-5 非能动梭式止回阀与旋启式止回阀的启闭时的速度场仿真结果

2.4 非能动梭式控制技术的兼容性

本节结合在线监测技术展开，集传感技术、通信技术、物联网技术、人工智能技术等先进前沿技术于一体，可以实现对非能动控制系统的各个敏感单元的在线实时监测，实现对控制系统状态和执行状态的实时掌控，进一步提高非能动控制系统的数字化水平和智能化水平。

非能动控制技术和在线监测技术的兼容，是两类智能化技术的综合应用。融合人工智能的在线监测技术，可以在有外在动力源的情况下发挥作用，非能动梭式控制技术可以在没有外加动力源的情况下发挥功能。二者的融合应用能解决国防、核电站、航空、航天、舰船、石油、天然气、热能动力、超级管道列车等在高温、高压、高腐蚀、超低温、高毒、高爆炸、高密封、高隔离、高真空等危险、极端环境条件下流体控制的可靠性、安全性和精确性等问题。

2.4.1 在线监测技术的概念

在线监测(online monitor)是指在不影响运行设备的前提下，通过在线监测装置实时获取设备的各类状态信息。与在线监测对应的是离线监测，即在被监测设备没有运行的情况下，对设备的各类状态信息实时感知。对设备进行各类状态信息的在线监测，能及时感知其运行情况下的状态，可以对设备的状态监测、状态检修、故障诊断进行决策和调控。

在线监测技术集成了先进的传感技术、通信技术、物联网技术、人工智能和大数据技术等。传感器技术保证状态感知的灵敏性和精确性；通信技术保证获取的状态信息数据传输的可靠性和及时性；物联网技术保证在线监测系统架构的安全、可靠、灵活、易开发、易维护；人工智能和大数据等技术对在线监测系统获取庞大的设备状态信息进行实时分析和处理，输出诊断和决策信息。

根据被监测设备在线状态信息流向单元划分，在线监测系统主要分为信号变送、信号处理、数据采集、数据传输、数据处理和故障诊断等单元，如图 2-6 所示。

图 2-6　在线监测系统单元组成

信号变送单元由相应的传感器从被监测设备上感知反应设备状态的物理量，并将其转换为模拟或数字电信号再传送到后续单元；信号处理单元对信号变送单元传送来的信号进行预处理，对干扰信号进行抑制；数据采集单元对经过处理后的信号进行采集、模数转换和记录；数据传输单元将采集到的数据通过通信总线回传到数据处理中心；数据处理单元对采集到的数据进行处理和分析，以提取有用信息；故障诊断单元则对处理后的当前数据和历史数据进行分析，输出故障诊断信息。

经过多年的理论研究、应用实践和不断完善，在线监测技术已渗透到各个行业，成为各行业设备安全、可靠运行以及智能化和智慧化水平不可缺少的技术。

在线监测系统架构由感知层、网络层、平台层和应用层组成，如图 2-7 所示。

感知层包含运用各种传感技术的传感器，用于感知各类状态信息，如加速度传感器、压力传感器、磁力计传感器、位移传感器、温度传感器、风速传感器、风向传感器、有毒有害气体监测传感器、水位监测传感器、高清摄像头和其他感知类智能设备等。

网络层是感知层传感器或设备与平台层之间进行数据交换的通道，包含了各类宽带和窄带无线及有线方案，如基于串行标准的主从半双工通信方案(RS485 总线)、基于扩频技术的超远距离无线传输方案(Lora)、采用全新"无线网格网"理念设计的移动宽带多媒体通信方案(无线自组网)、遵循无线数据和语音通信开放规范的蓝牙技术

（Bluetooth）等。网络层承载了接入网、核心网和业务网等功能。

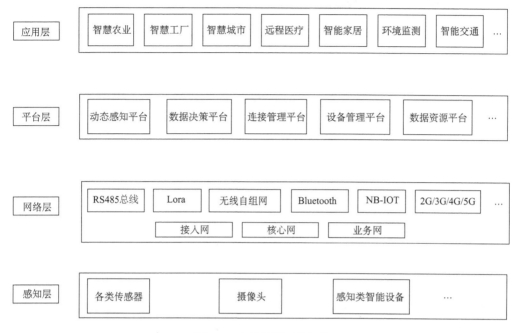

图 2-7　在线监测系统架构

平台层是前端感知海量状态数据接收、处理、分析和存储的站点，是前端感知层传感器、设备数据接入和设备管理的综合平台。

应用层是数据与最终业务关联的窗口，目前在线监测技术已广泛应用于智慧农业、智慧工厂、智慧城市、远程医疗、智能家居、环境监测、智能交通等。

在线监测系统通过感知层、网络层、平台层、应用层四层网络架构，获取各类在线设备的敏感状态信息，通过先进通信技术，将数据上传到平台并经过分析，最终输出各种特定行业和场景的有用信息，便于进一步决策评估是否执行相应动作，保证设备及其他对象的安全、可靠运行，这些状态信息数据也可作为设备状态检修、运行维护决策分析的依据。

2.4.2　非能动梭式控制技术的兼容方案

参照在线监测系统的前述架构，非能动梭式控制技术中元件、单元及系统的应用更多地体现在感知层，如图 2-8 所示。针对特定的非能动控制系统监测对象需求，感知层中的设备选取多种高精度、高可靠性的传感器，主要涉及接触式和非接触式位移检测传感器、温度检测传感器、流量检测传感器、压力检测传感器、阀门/芯状态检测传感器等。

网络层与基于非能动梭式控制技术的控制系统有关，可以使用 RS485 总线、集成电路总线（inter-integrated circuit，I²C）、串行外设接口（serial peripheral interface，SPI）、控制器局域网络（controller area network，CAN）、通用异步收发器（universal asynchronous receiver/transimitter，UART)等有线通信方案。通过有线方案传输，保证非能动梭式流体控制系统在线感知状态信号传输的高可靠性和实时性。

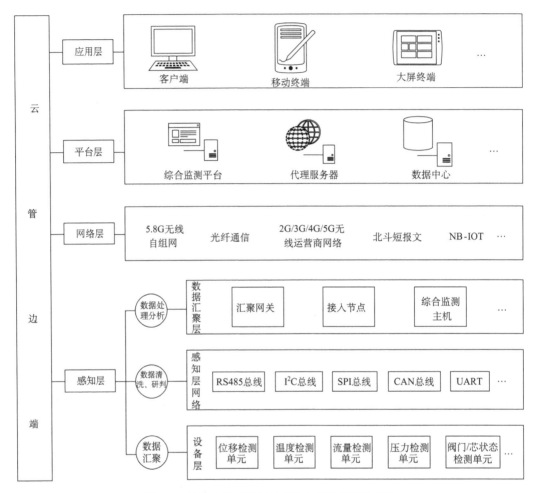

图 2-8　非能动梭式控制技术的在线监测系统架构

　　其他三层根据实际应用系统的监测业务来确定。通常，感知状态信息数据流向为设备层获取状态信息，通过感知层网络传到数据汇聚层，经过数据汇聚层数据清洗、研判、处理、分析后通过网络层通信接口，将数据上传到平台层，平台层再次对数据进行解析、处理、分析和储存，应用层各客户端和终端设备通过调用平台提供的上行调用接口获取实时状态数据信息和历史状态数据信息，并展示或供应用层消费者使用，应用层也可通过与平台层的下行调用接口，将指令回传给感知层的数据汇聚层设备，由数据汇聚层设备完成指令的执行操作。

　　通过以上数据流过程，完成了在线运行设备各状态信息的获取、处理、分析和运用，清晰、直观地呈现非能动控制系统各执行机构和单元的在线运行状态和执行情况，并能为非能动控制系统的状态检修和故障诊断提供数据支撑。

1. 常用传感器技术

传感器作为在线监测技术的感知单元，以及状态信息的第一接触者和获取者，其精度、可靠性有很高要求。传感器主要由敏感元器件、转换元器件、调理电路三部分组成，如图 2-9 所示。通常，传感器参数可分为电量和非电量两大类，电量是指物理学中的电参数，如电压、电阻、电容、电感等；非电量是指电量之外的一些参数，如温度、湿度、压力、位移、角度、流量等。非电量传感器的主要作用是将非电量物理量转换成与其有一定关系的电量，通过测量电路，对电量信号进行处理和变化，从而实现对物理量的测量。

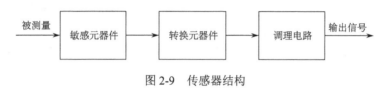

图 2-9　传感器结构

非能动梭式控制系统中用到的传感器主要有以下几种。

(1) 温度传感器，通常利用金属、半导体材料与温度之间的有关特性而制成，这些特性包括膨胀、电阻、电容、磁性、辐射等，可分为接触式和非接触式两类安装方式，检测被测物体表面温度，其中非接触式安装常用红外传感技术。

(2) 位移传感器，又称为线性传感器，是一种属于金属感应的线性器件，常为模拟式结构型，包括电位器式、电感式、电容式、电涡流式、霍尔式等，非接触式有激光式、拉绳式和超声式等，分别利用电荷耦合器件图像传感器(charge coupled device，CCD)成像、拉绳或压电效应来感知位移。

(3) 流量传感器，有基于微机电系统(micro-electro-mechanical systems，MEMS)的气体流量传感器、基于涡轮的液体流量传感器、基于热传递(热量计)原理的气体/液体流量传感器，其中超声波多用于非接触式测量。

(4) 阀门/芯状态传感器，通常内含角位置传感器与线性位置传感器，实时检测阀门/芯的位置状态，可参照位移传感器原理来实现。

为了监测压力管道运行的状态，还有可能用到加速度传感器、振动传感器等。加速度传感器通常由质量块、阻尼器、弹性元件、敏感元件和调理电路等组成。在加速过程中，传感器通过对质量块所受惯性力进行测量，利用牛顿第二定律获得加速度值。振动传感器用以感知物体的振动情况，振动传感器将被检测物体的振动等级变换成电信号。

2. 常用通信技术

数据通信是在线监测技术的重要组成部分之一，是感知层设备感知到的各类型状态信息上传到平台层监控后台的传输载体。非能动控制技术的应用，不影响有线数据通信或无线数据通信的选用。有线数据通信技术包括光纤通信、网线通信、RS485 总线、CAN总线等；无线数据通信技术包括 2G/3G/4G/5G 无线通信、Wi-Fi 自组网通信、北斗短报文通信、NB-IOT、ZigBee 等。

1）有线数据通信

在有线传输网络条件下，可优先选用有线数据传输方案，相对于无线数据传输方案，有线数据传输方案传输更稳定、可靠，抗干扰能力更强。常用的有线数据传输技术中，光纤通信和网线通信更适合传输数据流量大的应用场景，RS485 总线和 CAN 总线通信技术适合窄带数据传输场景。多数情况下，采用宽窄带融合的传输方案来满足同一环境下不同的传输需求。

光纤通信是利用光波作为载体，以光纤作为传输介质将信息从一处传至另一处的有线光通信方式，主要包括光纤光缆技术、光交换机传输技术、光有源器件及光网络技术等部分。采用光纤通信时，处于感知层的数据汇聚层的设备需集成光交换机模块和光模块，通过该模块实现上行数据流的电信号向光信号的转换，同理下行的数据实现光信号向电信号的转换后，传输至处理器，再由处理器进行指令解析，如图 2-10 所示。

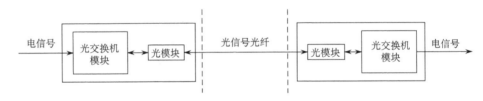

图 2-10　光纤通信技术框图

RS485 总线是两线制、半双工通信标准协议、支持多节点通信，采用平衡发送和差分接收，具有很强的抑制共模干扰能力，其理论最大通信距离为 1.2km，最大传输速率为 10Mbit/s，其传输速率与传输距离成反比。

2）无线数据通信

无线数据通信具有灵活、施工难度低、成本低的优点，具有一定的可移动性，支持在移动状态下通过无线连接进行通信，但无线设备抗干扰较弱，传输距离有一定限制。通常采用无线与有线结合的传输方案，以满足数据通信传输需求。

按传输带宽，无线数据通信技术可分为宽带数据传输技术和窄带数据传输技术。宽带数据传输技术主要包括 Wi-Fi 组网、3G/4G/5G，窄带数据传输技术有 2G、NB-IOT、北斗短报文通信、LoRa 通信等。其中，LoRa 通信技术是 LPWAN 通信技术中的一种，是美国 Semtech 公司采用和推广的一种基于扩频技术的超远距离无线传输方案，它改变了以往关于传输距离与功耗的折中考虑方式，为用户提供一种简单的能实现远距离传输、长电池寿命、大容量的系统，进而扩展传感网络。北斗短报文通信方案主要用于解决野外或海上航行、钻井环境下的通信问题，通过北斗卫星实现传感器感知状态信息数据和指令的转发，如图 2-11 所示。

结合压力管道传输距离长的特点，针对 VAST、SCADA、智能控制等现代典型控制技术，基于具有通用性的在线监测技术主流架构思想，探讨非能动梭式控制技术的兼容性。

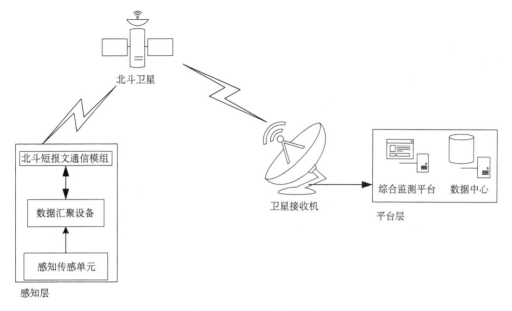

图 2-11 北斗短报文通信

2.4.3 与现代典型控制系统的兼容

1. 与卫星通信系统的兼容

1) 甚小天线地球站简介

甚小天线地球站(very small aperture terminal,VSAT)于 20 世纪 80 年代在美国兴起,带动了卫星通信技术的快速发展。它有两种类型,一种是双向 VSAT 系统,由中心站控制多个 VSAT 终端来提供数据传输、语音和传真等业务;另一种是单向 VSAT 系统,即将图像和数据等信号从中心站传输到多个单收 VSAT 终端。

VSAT 卫星通信系统由空间和地面两部分组成,空间部分常使用地球静止轨道通信卫星,工作频段包括 C、Ku 和 Ka 等,通常卫星上转发器的发射功率越大,地面终端的天线尺寸就越小。地面部分由中枢站、远端站和网络控制单元组成,单向 VSAT 系统的中枢站用来汇集卫星数据然向各个远端站分发数据;双向 VSAT 系统的中枢站具有双向数据传输功能,远端站通常直接安装在用户处,与用户的终端设备连接。VSAT 卫星通信网常有许多远端站,远端站是该网络的主体,远端站数量越多,则每个远端站分摊的费用就越少。

远端站由室外单元和室内单元组成,室外单元即射频设备,包括小口径天线、上下变频器和各种放大器;室内单元即中频及基带设备,包括调制解调器、编译码器等,其具体组成因业务类型不同而略有差异。

根据业务性质的差异,VSAT 网可分为数据通信网、语音通信网和电视卫星通信网三大类,国内 VSAT 通信业务面向社会开放经营,广泛应用于新闻、气象、民航、人防、银行、石油、军事等领域,它除了具有一般卫星通信的优点外,还具有远端站尺寸小、功耗低、安装移动方便、组网方式灵活等特点。

2)可能的兼容方案

通过对非能动梭式控制和 VSAT 这两种技术可知，流体的检测和控制信号传输可以通过 VSAT 卫星通信系统实现，流体的检测和控制信号端对应 VSAT 的远端站，由于这两类信号的传输方向不同，通常选择双向 VSAT 系统。

根据非能动梭式控制的实际需要，可选择星形网络、网状网络或混合网络的组网方式。星形网络由一个主站和若干个 VSAT 远端站组成，其中主站配 11～18m 较大口径的天线且具有较大的发射功率，一般计算机控制系统放在主站，可使远端站设备尽量简化并降低造价。主站除负责网络管理和控制功能外，可通过"远端站→卫星→主站→卫星→远端站"的双跳通信方式实现远端站间信息的接收和发送。非能动梭式控制技术与 VSAT 兼容的连接示意图如图 2-12 所示，图中 IDU 表示室内单元，ODU 表示室外单元。

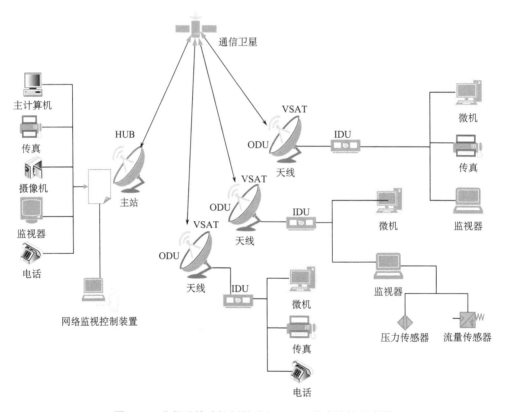

图 2-12　非能动梭式控制技术与 VSAT 兼容连接示意图

如果存在远端站之间直接通信的情况，可以考虑使用网状网络。此时主站主要负责网络管理功能，向各远端站分配信道并监控其工作状态，但各远端站之间的通信自行完成，不需要经过主站接转，即通信链路按"远端站→卫星→远端站"的单跳通信方式实现。

　　当各远端站与主站间需进行高速数据传输时，建议用星形网络；当各远端站间通信较多，且为了尽量减少传输延迟时，可选择网状网络。如果实际情况复杂，多种情况同时存在，可以考虑采用混合网络，即将星形网络和网状网络融于一体，网络中各远端站之间可不通过主站转接，而直接进行双跳通信。

　　如果应用非能动梭式控制技术时还需要传输视频等，则需要考虑 VSAT 宽带化的相关技术，有兴趣的读者可以查阅相关资料。

　　2. 与监视控制和数据采集系统的兼容

　　1) 监视控制和数据采集系统简介

　　监视控制和数据采集(supervisory control and data acquisition, SCADA)系统是以计算机为基础的生产过程控制与调度自动化系统，已广泛应用于电力、冶金、石油、化工、燃气、铁路等领域的数据采集、监视控制及过程控制场景，其中电力系统应用最为广泛，技术发展也最成熟。

　　系统包括硬件和软件，它们之间存在多种通信方式，如可编程控制器(programmable logic controller, PLC)等硬件可通过 RS232 实现点到点方式连接，也可通过 RS485 或以太网的总线方式连接到服务器上；超远程客户可通过 Web 服务器发布在 Internet 上实现人机交互，可处理文字、显示现场状态，甚至操作现场的开关、阀门等，这正好与非能动梭式控制技术契合。

　　SCADA 系统主要由监控计算机、远程终端单元(remote terminal unit, RTU)、PLC、通信基础设施和人机界面(human machine interface, HMI)等组成。监控计算机是 SCADA 系统的核心，收集数据过程中并向现场连接的设备发送控制命令，同时负责与现场连接控制器通信的计算机和软件。现场连接控制器包括 RTU、PLC 及运行在操作员工作站上的 HMI 软件。监控计算机所包含的硬件和软件与 SCADA 的规模大小有直接的关系，大型系统需要备份。

　　RTU 连接到传感器和执行器，并与监控计算机系统联网，可将其称为智能输入/输出(input/output, I/O)，通常具有嵌入式控制功能。PLC 也连接到传感器和执行器，以与RTU 相同的方式联网到监控系统。与 RTU 相比，PLC 具有更复杂的嵌入式控制功能，且采用一种或多种国际电工委员会(International Electrotechnical Commission, IEC) 61131-3编程语言进行编程，因此 PLC 常用来代替 RTU 作为现场设备，实现多功能的灵活配置。通信基础设施用来监控计算机与 RTU 或 PLC 的连接，常使用行业标准或制造商专有协议。RTU 和 PLC 均使用监控系统提供的最后一条命令，在接近实时控制下自主运行。

　　HMI 是系统中的操作员窗口，采用图形用户界面，以模拟图形式向管理人员提供工厂信息，因为它也连接到监控计算机，可提供实时数据来驱动模拟图、警报显示和趋势图等。模拟图由表示过程元素的线图和示意符号组成，或者由工艺设备的数字照片覆盖动画符号组成，它是控制工厂的示意图，包括报警和事件记录等页面。工厂的监督操作是通过 HMI 实现的，操作员使用鼠标、键盘和触摸屏发出命令，如泵的符号显示泵正在运行，流量计符号显示通过管道泵输送了多少流体，操作人员还可通过鼠标点击或屏幕触摸从模拟器中进行切换泵等。为了方便使用，操作员或系统维护人员可改变监控点在接口中的表示方式，甚至还带有时间戳的功能。非能动梭式控制技术与 SCADA 兼容连接示意图，如图 2-13 所示。

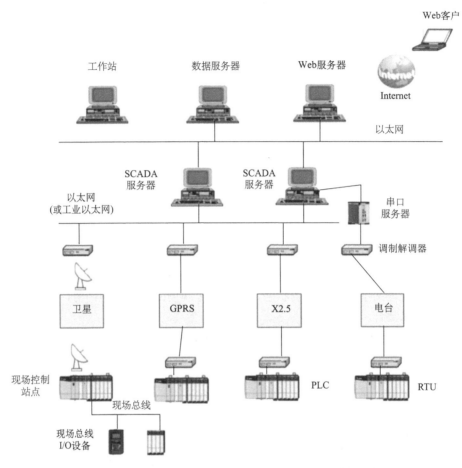

图 2-13　非能动梭式流体控制技术与 SCADA 兼容连接示意图
GPRS-通用分组无线服务

2) 可能的兼容方案

通过对 SCADA 技术的了解，结合非能动梭式控制技术的特征，可以发现流体控制的阀门就是 SCADA 系统中的传感器和执行器，通过 RTU 或 PLC 与监控计算机连接。

在具体方案设计中，需先考虑 SCADA 系统的大小。在小型 SCADA 系统中，监控可选用一台个人计算机，此时 HMI 都可以安装在这台计算机上。如果是大型 SCADA 系统，或者是非能动梭式控制技术元件融入某大型 SCADA 系统中，此时主站可能包含多台托管在客户端上的 HMI，多台服务器用于数据采集、分布式软件应用程序及灾难性故障恢复。为了提高系统的完整性，多台服务器通常配置成双冗余或热备用模式，以便在服务器出现故障的情况下提供持续的控制和监视。

对于大型 SCADA 系统，首先清晰整个系统的基本架构，然后搞清楚非能动梭式控制技术元件可采集提供的检测信号和应接收执行的控制信号如何与 RTU 或 PLC 对接（更多的情况下建议选择 PLC)。

需说明的是，非能动梭式流体控制元件与 VSAT、SCADA 等系统兼容，也是需要选择市场上合适的流量、压力、位移等传感器来获知元件的工作状态，接上数据采集等装置，最后经 RTU 或 PLC 接入系统，更多知识可以查阅数字信号处理等相关书籍。

3. 与互联网、物联网、智能控制的兼容

互联网又称网际网络，按音译也称因特网(Internet)，是网络与网络之间串连成的庞大网络。这些网络以一组通用的协议相连，形成逻辑上的单一且巨大的全球化网络，其中有交换机、路由器等网络设备，各种不同的连接链路，种类繁多的服务器，以及数不尽的计算机、终端。通过对前面两类技术系统及其与非能动梭式控制技术的兼容可知，非能动梭式控制技术元件为两类系统的终端提供了的新选择。同样地，非能动梭式控制技术与互联网的兼容主要体现在与计算机相连的终端上，在终端实现技术元件的数字化后，主要利用互联网的数据传输功能，因此实现二者兼容类似于 VSAT 系统，可实现远程的检测与控制。

物联网是通过信息传感设备，按照约定的协议，把任何物品与互联网连接起来进行信息交换和通信，以实现智能化识别、定位、跟踪、监控和管理的一种网络。通俗地讲，物联网就是物物相连的互联网，一方面物联网是互联网的延伸和扩展，其核心和基础仍然是互联网；另一方面物联网的用户端包括人和物品，实现人与物品及物品与物品之间信息的交换和通信。这里的物品包括非能动梭式控制技术元件，人们可以根据流体控制的需要去采集元件的声、光、热、电、力学、化学、生物、位置等信息。在实际的应用中，有可能将用户端采集的信号经过处理后再通过互联网等方式加以传输，这里体现了边缘计算的技术思想。可以看出，非能动梭式控制技术与物联网是兼容的，而且关联性较强，因为非能动梭式控制技术元件的运行状态，需要使用物联网技术来实现。

智能控制是指在无人干预的情况下能自主地驱动智能机器，实现控制目标的自动控制技术。按采用的技术可分为模糊控制、专家控制、神经网络控制等。通常，一个控制系统由传感、控制和执行三部分组成。物联网主要关注传感部分，智能控制技术主要关注控制部分，非能动梭式控制技术是集传感、控制和执行为一体的技术。但是，智能控制和非能动梭式控制技术不矛盾。因为外加电源正常的情况下，只要非能动梭式控制技术及时准确地将自身状态信息传递给智能控制技术,而且与智能控制的执行机构相配合，二者不会造成执行冲突，是兼容的。特别地，在外加电源不正常的情况下，非能动梭式控制技术仍然可以起到自动控制作用，包括基于独立电源的信号传递，实现全天候的流体管控。

技 术 篇

第3章 非能动梭式控制元件及数字化

非能动控制技术包括非能动梭式控制技术和其他非能动控制技术，非能动梭式控制技术以具有结构智能化特征的非能动梭式控制元件为基础，对其中的活动部件，即自由梭的移动限位不同，每类控制元件具有多种可选择的功能。

非能动梭式控制技术产品可能实现某类控制元件的单一功能，如梭式止回阀、梭式回流阀、梭式截止阀、梭式截止止回阀、梭式泄压阀、梭式调节阀、梭式节能疏水阀、梭式清管阀等，也可能实现某类控制元件的多个功能，如梭式双向节流阀、梭式三通分流调节阀、梭式四通分流调节阀，即直接采用非能动梭式控制元件。如果将多个类别相同或不同的非能动梭式控制元件组合起来,就形成了非能动梭式控制系统,如梭式管道爆破保护装置、梭式工作缸的速度控制装置、梭式双罐交替工作装置、梭式防水击抗脉冲振荡装置、反应堆严重事故非能动应急冷却装置、梭式非能动驱动轴流切断装置等。

基于数字化思想，这三类非能动梭式控制元件可以用 if…then 规则表示出来，可以分别表示出一类元件的多个不同功能，一个非能动梭式控制系统可以用多个规则的组合表示出来，从而实现非能动梭式控制系统的数字化，即实现非能动梭式控制系统的数字孪生，实现物理系统与数字系统的严格对应，实现非能动梭式控制系统的逻辑设计和物理设计相结合。在完成逻辑设计之后，就可以通过数字仿真分析得到非能动梭式控制系统的性能，可有力地辅助非能动梭式控制系统的应用决策优化。

需要说明的是，非能动梭式控制元件还可以作为球阀、闸阀、蝶阀等控制部件，从而形成梭式控制球阀、梭式控制闸阀、梭式控制蝶阀等，达到更高的控制精度，这也是能动系统与非能动梭式控制技术兼容的方式之一，此时的数字化可以根据控制用非能动梭式控制元件来展开。本章着重介绍三类基础的非能动梭式控制元件的模型、原理和功能，包括对应的逻辑单元和数字化方法。

3.1 非能动梭式二通双向控制元件

非能动梭式二通双向控制元件(简称梭式二通阀)的基本模型和原理图如表 3-1 所示，其功能简介如表 3-2 所示。非能动梭式二通双向控制元件，也称差流可调梭阀、梭式二通调节阀等，这些名称存在差异，有可能是因为其实现的具体功能有所不同，其余控制元件相同。

表 3-1　非能动梭式二通双向控制元件基本模型和原理图

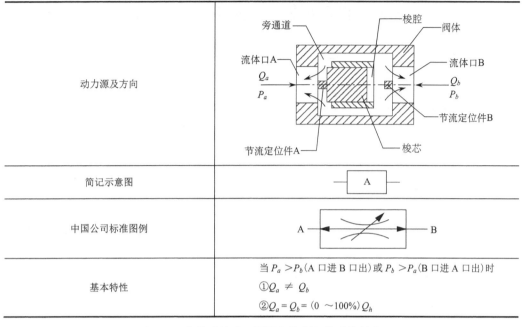

动力源及方向	
简记示意图	—A—
中国公司标准图例	A ←→ B
基本特性	当 $P_a > P_b$（A 口进 B 口出）或 $P_b > P_a$（B 口进 A 口出）时 ① $Q_a \neq Q_b$ ② $Q_a = Q_b = (0 \sim 100\%) Q_h$

表 3-2　非能动梭式二通双向控制元件功能简介

序号	功能	图例	流量压力关系
1	单向逆止		① 当 $P_b > P_a$ 时，$Q_b = 0$ ② 当 $P_a > P_b$ 时，$Q_a = (0\sim100\%) Q_h$
2	单向节流		① 当 $P_b > P_a$ 时，$Q_b = Q_h$ ② 当 $P_a > P_b$ 时，$Q_a = (0\sim100\%) Q_h$
3	双向变径等流		① 当 $P_b > P_a$ 时，$Q_a = Q_b = (0\sim100\%) Q_h$ ② 当 $P_a > P_b$ 时，$Q_b = Q_a = (0\sim100\%) Q_h$
4	双向截止		① 当 $P_b > P_a$ 时，$Q_b = 0$ ② 当 $P_a > P_b$ 时，$Q_a = 0$
5	双向交替通道		① 当 $P_b > P_a$ 时，$Q_b = Q_a = Q_h$ ② 当 $P_a > P_b$ 时，$Q_a = Q_b = Q_h$
6	双向交替节流		① 当 $P_b > P_a$ 时，$Q_b = (0\sim100\%) Q_h$ ② 当 $P_a > P_b$ 时，$Q_a = (0\sim100\%) Q_h$ ③ $Q_a \neq Q_b$

3.2 非能动梭式三通多向控制元件

非能动梭式三通道多向控制元件(简称梭式三通阀),其基本模型和原理图如表 3-3 所示。

表 3-3 非能动梭式三通多向控制元件基本模型和原理图

动力源及方向	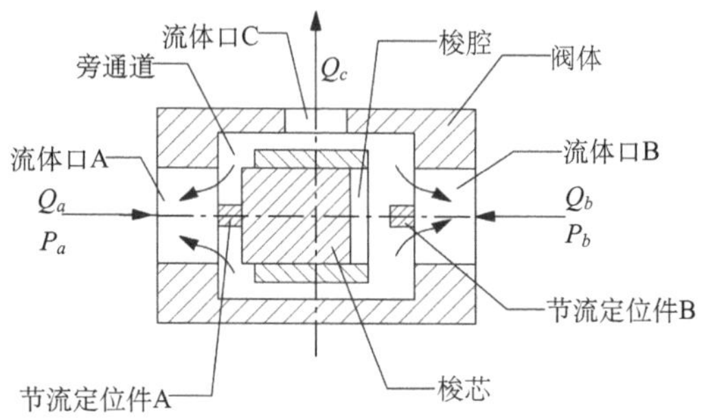
简记示意图	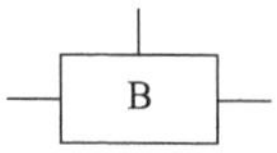
中国公司标准图例	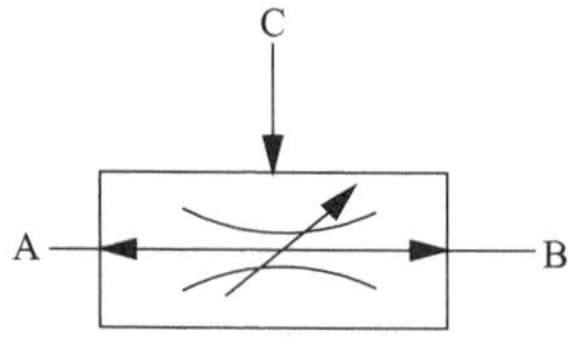
基本特性	当 $P_a > P_b$(A 口进 B 口出)或 $P_b > P_a$(B 口进 A 口出)时 ① $Q_a \neq Q_b$ ② $Q_a = Q_b = (0 \sim 100\%) Q_h$ ③ $Q_a = Q_b + Q_c$ ④ $Q_b = Q_a + Q_c$

非能动梭式三通多向控制元件功能简介如表 3-4 所示。

表 3-4 非能动梭式三通多向控制元件功能简介

序号	功能	单元图例	流量压力关系
1	A 向截止, BC 向分流调节	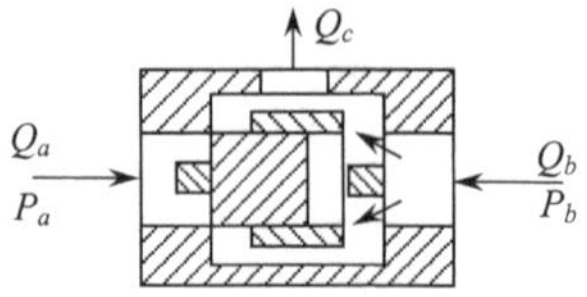	当 $P_b > P_a$ 且 $Q_a = 0$ 时, $Q_b = Q_c$

续表

序号	功能	单元图例	流量压力关系
2	AB 向、AC 向分流调节		当 $P_a > P_b$，$Q_b \neq 0$ 且 $Q_c \neq 0$ 时，$Q_a = Q_b + Q_c$
3	BA 向、BC 向分流调节		当 $P_b > P_a$，$Q_a \neq 0$ 且 $Q_c \neq 0$ 时，$Q_b = Q_a + Q_c$
4	B 向截止，AC 向分流调节		当 $P_a > P_b$ 且 $Q_b = 0$ 时，$Q_a = Q_c$
5	双向定比分流调节		当 $P_a > P_b$ 或 $P_b > P_a$ 时，$Q_{ab} : Q_{ba} = c$（常数）
6	梭式双向节流阀功能，双向不等流		当 $Q_c = 0$，$P_a > P_b$ 或 $P_b > P_a$ 时，$Q_a \neq Q_b$

3.3　非能动梭式四通多向控制元件

非能动梭式四通多向控制元件(简称梭式四通阀)的基本模型和原理图如表 3-5 所示。

表 3-5　非能动梭式四通多向控制元件基本模型和原理图

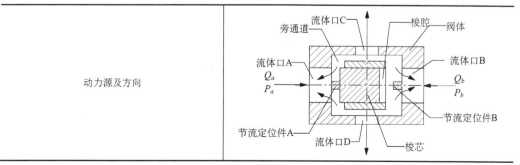

续表

简记示意图	
中国公司标准图例	
基本特性	当 $P_a > P_b$(A 口进 B 口出)或 $P_b > P_a$(B 口进 A 口出)时， ① $Q_a \neq Q_b$ ② $Q_a = Q_b = (0 \sim 100\%) Q_h$ ③ $Q_a = Q_b + Q_c + Q_d$ ④ $Q_b = Q_a + Q_c + Q_d$

非能动梭式四通多向控制元件功能简介如表 3-6 所示。

表 3-6　非能动梭式四通多向控制元件功能简介

序号	功能	图例	流量压力关系
1	A 向截止，$B \rightarrow C$ 向或 $B \rightarrow D$ 向分流；$B \rightarrow C$ 向和 $B \rightarrow D$ 向同步分流		① 当 $P_b > P_a$，$Q_a = 0$ 且 $Q_d = 0$ 时，$Q_b = Q_c$ ② 当 $P_b > P_a$，$Q_a = 0$ 且 $Q_c = 0$ 时，$Q_b = Q_d$ ③ 当 $P_b > P_a$ 且 $Q_a = 0$ 时，$Q_b = Q_c + Q_d$
2	$A \rightarrow B$ 向,$A \rightarrow C$ 向和 $A \rightarrow D$ 向同步分流		当 $P_a > P_b$，$Q_b \neq 0$，$Q_c \neq 0$ 且 $Q_d \neq 0$ 时，$Q_a = Q_b + Q_c + Q_d = (0 \sim 100\%) Q_h$
3	双向差流无级可调		当 $P_a > P_b$ 或 $P_b > P_a$，$Q_c = 0$ 且 $Q_d = 0$ 时，$Q_a \neq Q_b$

续表

序号	功能	图例	流量压力关系
4	B 向截止，$A{\rightarrow}C$ 向或 $A{\rightarrow}D$ 向分流；$A{\rightarrow}C$ 向和 $A{\rightarrow}D$ 向同步分流		① 当 $P_a > P_b$，$Q_b = 0$ 且 $Q_d = 0$ 时，$Q_a = Q_c$ ② 当 $P_a > P_b$，$Q_b = 0$ 且 $Q_c = 0$ 时，$Q_a = Q_d$ ③ 当 $P_a > P_b$ 且 $Q_b = 0$ 时，$Q_a = Q_c + Q_d$
5	$B{\rightarrow}A$ 向，$B{\rightarrow}C$ 向和 $B{\rightarrow}D$ 向同步分流		当 $P_b > P_a$，$Q_a \neq 0$，$Q_c \neq 0$ 且 $Q_d \neq 0$ 时，$Q_b = Q_a + Q_c + Q_d = (0{\sim}100\%)\,Q_h$

3.4　非能动梭式控制元件的数字化

非能动梭式控制元件的数字化表示是人们研究、制造、应用、发展非能动控制技术的重要方法之一。研究人员曾经尝试了多种方法，至今还没有找到十分简单、完美、通用的方法。采用规则集的方式来数字化表示非能动梭式控制元件是我们思考的一种方法，供大家参考。

非能动梭式控制技术的基础元件分为三类，即非能动梭式单通双向控制元件、非能动梭式三通多向控制元件和非能动梭式四通多向控制元件，它们都遵循压力管道流体控制的基本原理，规则集表示结合前面各类控制元件的基本功能得到，详细说明如下。

假设端口 A、B 的流体压力分别为 P_a、P_b，对应的限位块位置变量为 X_a、$X_b \in (0,1)$，即其取值为 0~1，从不限位到完全限位。其中，不限位表示该通道限位块可控的最小通流面积 A_a 或 A_b 全部使用；完全限位表示该通道的通流面积为 0，即流道不通。端口 C、D 的最小通流面积分别为 A_c、A_d，设计对应的开关变量 X_c、$X_b \in \{0,1\}$，其取值只能为 0 或 1。端口 A、B、C、D 的流量分别记为 Q_a、Q_b、Q_c 和 Q_d，上游到达高压端时的流量为 Q_h。

在不考虑流量损失的情况下，三类基础元件可以表示为如下两条规则：

If $P_a > P_b$ then $Q_a = Q_b*X_b + Q_c*X_c + Q_d*X_d = (0{\sim}100\%)\,Q_h$；

If $P_a < P_b$ then $Q_b = Q_a*X_a + Q_c*X_c + Q_d*X_d = (0{\sim}100\%)\,Q_h$。

基于这两条规则的三类非能动梭式控制元件功能表达如表 3-7 所示。

表 3-7 基于规则的三类非能动梭式控制元件功能表达

序号	X_a	X_b	X_c	X_d	阀门类型	$P_a>P_b$	$P_a<P_b$	备注
1	1	0	0	0	梭式二通阀	$Q_a = 0$	$Q_b = (1\%\sim100\%)Q_h$	单向截止
2	0	1	0	0	梭式二通阀	$Q_a = (1\%\sim100\%)Q_h$	$Q_b = 0$	
3	1	0.5	0	0	梭式二通阀	$Q_a = Q_b = Q_h$	$Q_b = (1\%\sim100\%)Q_h$	单向节流
4	0.5	1	0	0	梭式二通阀	$Q_a = (1\%\sim100\%)Q_h$	$Q_b = Q_a = Q_h$	
5	0.5	X_a	0	0	梭式二通阀	$Q_a = Q_b = (1\%\sim100\%)Q_h$	$Q_b = (1\%\sim100\%)Q_h$	双向等流
6	X_b	0.5	0	0	梭式二通阀	$Q_a = Q_b = (1\%\sim100\%)Q_h$	$Q_b = (1\%\sim100\%)Q_h$	
7	0	0	0	0	梭式二通阀	$Q_a = 0$	$Q_b = 0$	双向截止
8	1	1	0	0	梭式二通阀	$Q_a = Q_b = Q_h$	$Q_b = Q_a = Q_h$	双向恒流
9	0.5	X'_a	0	0	梭式二通阀	$Q_a = (1\%\sim100\%)Q_h$	$Q_b = (1\%\sim100\%)Q_h$	双向不等流
10	X'_b	0.5	0	0	梭式二通阀	$Q_a = (1\%\sim100\%)Q_h$	$Q_b = (1\%\sim100\%)Q_h$	
11	0	0.5	1	0	梭式三通阀	$Q_a = Q_b*X_b+Q_c$	$Q_b = Q_c*X_c = Q_c$	A 止、B 任意
12	0.5	0	1	0	梭式三通阀	$Q_a = Q_c*X_c = Q_c$	$Q_b = Q_a*X_a+Q_c$	B 止、A 任意
13	0.5	0.5	1	0	梭式三通阀	$Q_a = Q_b + Q_c$	$Q_b = Q_a + Q_c$	功能 2、3
14			1	0	梭式三通阀	$Q_{ab}:Q_{ba} = c$	$Q_{ab}:Q_{ba} = c$	双向定比分流
15	X_a	X_b	0	0	梭式三通阀	同梭式二通阀		
15	0.5	0	1	1	梭式四通阀	$Q_a = Q_c+Q_d, Q_b = 0$	$Q_b = Q_a + Q_c+Q_d$	功能 1
16	0.5	0	1	0	梭式四通阀	$Q_a = Q_c, Q_b = Q_d = 0$	$Q_b = Q_a + Q_c$	
17	0.5	0	0	1	梭式四通阀	$Q_a = Q_d, Q_b = Q_c = 0$	$Q_b = Q_a + Q_d$	
18	0	0.5	1	1	梭式四通阀	$Q_a = Q_b + Q_c+Q_d$	$Q_b = Q_c+Q_d, Q_a = 0$	功能 4
19	0	0.5	1	0	梭式四通阀	$Q_a = Q_a + Q_c$	$Q_b = Q_c, Q_a = Q_d = 0$	
20	0	0.5	0	1	梭式四通阀	$Q_a = Q_a + Q_d$	$Q_b = Q_d, Q_a = Q_c = 0$	
21	0.5	0.5	1	1	梭式四通阀	$Q_a = Q_b + Q_c+Q_d$	$Q_b = Q_a + Q_c+Q_d$	功能 2、5
22	X_a	X_b	0	0	梭式四通阀	同梭式二通阀		功能 3

注：0.5 表示取值大于 0、小于 1；X_a 表示可以在要求范围内任意取值，X'_a 表示不等于 X_a 的取值。

当 $P_a \neq P_b$ 时，控制元件中才有介质流动，故仅考虑 $P_a>P_b$ 和 $P_a<P_b$ 的两种情况。如果端口 B 全部关闭，那么在 $P_a>P_b$ 时不通，而在 $P_a<P_b$ 时不受影响，即限位块的位置设定后，在对应端口处于下游时起作用，这是由控制元件的结构决定的。

因为三类控制元件可以用统一的规则集来表示，所以由它们构成的非能动梭式控制系统可以方便地用数据表来存储。如果系统中还有其他元件，也可以考虑一起存储。由此，可以将整个系统数字化地表示出来，在此基础上进一步完成模拟计算、仿真优化等工作，为流体过程控制提供新的技术支持。

控制元件的基本信息表和安装运行信息表的数据结构，假设上下游最多连接 3 个元件，分别如表 3-8 和表 3-9 所示。

表 3-8　控制元件的基本信息表

字段名	数据类型	数据参数	是否主键	备注
VBH	VarChar	10	是	元件编号
XH	VarChar	50	否	型号规格
CZ	VarChar	50	否	主要材质
SCCJ	VarChar	100	否	生产厂家
SCRQ	Date	默认	否	生产日期
AA	Double	10,5	否	A 端流通(四行四处)面积(m^2)
AB	Double	10,5	否	B 端流通(四行四处)面积(m^2)
AC	Double	10,5	否	C 端流通(四行四处)面积(m^2)
AD	Double	10,5	否	D 端流通(四行四处)面积(m^2)
XZA	Double	6,4	否	修正系数 A
XZB	Double	6,4	否	修正系数 B
XZC	Double	6,4	否	修正系数 C
XZD	Double	6,4	否	修正系数 D
QA	Double	10,5	否	承压极限(MPa)

表 3-9　控制元件的安装运行信息表

字段名	数据类型	数据参数	是否主键	备注
AXH	VarChar	10	是	安装序号
VBH	VarChar	10	否	来自<基础信息表>
PA	Double	10,5	否	A 端压力(MPa)
PB	Double	10,5	否	B 端压力(MPa)
XWA	Double	6,4	否	限位块 A 位置参数
XWB	Double	6,4	否	限位块 B 位置参数
XC	TinyInt	默认	否	端口 C 打开-1,关闭-0
XD	TinyInt	默认	否	端口 D 打开-1,关闭-0
QA	Double	10,5	否	端口 A 端流量
QB	Double	10,5	否	端口 B 端流量
QC	Double	10,5	否	端口 C 端流量
QD	Double	10,5	否	端口 D 端流量
SYXH1	VarChar	10	否	上游元件序号 1
SYXH2	VarChar	10	否	上游元件序号 2
SYXH3	VarChar	10	否	上游元件序号 3
XYXH1	VarChar	10	否	下游元件序号 1
XYXH2	VarChar	10	否	下游元件序号 2
XYXH3	VarChar	10	否	下游元件序号 3

　　用数字化规则表示的非能动梭式控制元件,称为非能动梭式逻辑元件,每个逻辑元件都有对应的简记示意图,非能动梭式逻辑元件与非能动梭式控制元件在功能上具有对

应关系。非能动梭式逻辑元件的合理组合可构成非能动梭式控制系统的数字化表示。

3.5 非能动梭式控制系统的数字化

结合实际工程的需要，通过非能动梭式逻辑元件的组合，可以得到不同控制需求的逻辑系统，即非能动梭式控制系统的数字化。有时，也将多个非能动梭式控制逻辑元件组合起来实现某个功能的整体称为逻辑单元，如三位六向、四位八向、五位十向等无级流量调节逻辑单元，如图 3-1 所示，多位多向逻辑单元如图 3-2 所示。

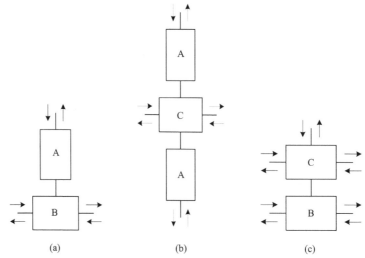

图 3-1　无级流量调节逻辑单元

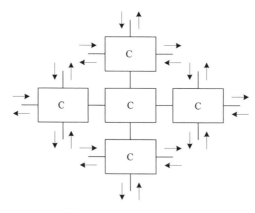

图 3-2　多位多向逻辑单元

上述逻辑单元可以在采油(气)树系统、工作缸的双向进出口无级调节，也可在变压吸附系统等实际工程中应用。当然，也可用来升级现有系统，如果在采油(气)树系统应用，系统内的柱状立体会存在多维多元分支，分支再产生分支，分支可以是无穷的，采用多元密封，可以做到零泄漏。

这种非能动梭式采油(气)树系统,可以用非能动定比来确定分支压降和流量,电驱实时在线控制分支压降和流量,如图 3-3 所示。对应地,工作缸的双向进出口无级调节系统、变压吸附系统分别如图 3-4 和图 3-5 所示。此时,可以采用非能动与能动控制兼容方案,根据需要采用非能动定比来确定分支压降和流量,电驱实时在线控制分支无级压降和流量,手动调节分支压降和流量。

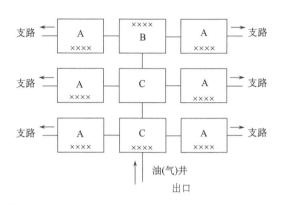

图 3-3 采油(气)树系统

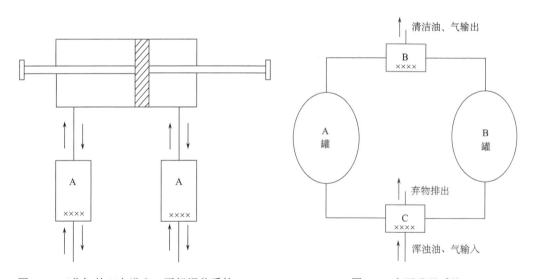

图 3-4 工作缸的双向进出口无级调节系统   图 3-5 变压吸附系统

相比于现有技术,非能动梭式控制元件及逻辑单元的组合可以构成变化无穷的逻辑系统,即形成多功能的非能动梭式控制系统,为流体控制带来全新的技术。非能动梭式控制元件的数字化表达,关系到结构智能化的非能动梭式控制技术的设计、制造、生产、经营、管理和应用标准化、系列化等多方面的研究,也关系到与现有技术体系、相关能动技术的兼容性。目前,也正在探索其他的数字化方法及进一步的仿真模拟分析方法,内容丰富广阔,欢迎有兴趣的研究者参与。

第4章 非能动梭式控制特种阀

非能动梭式控制元件将集敏感、控制、执行为一体的活动部件自由梭，置于密闭连续的流体系统中，对与管道轴心线完全对称、平衡、悬浮的自由梭进行正反向轴线运动的限制，自由梭的位置不同，两端的预设力也不同，使元件产生不同的功能靠压差翻转，失衡后的差动特性可以直接或经放大后用于系统控制，实现不需要外设动力源执行多种功能或单一功能。

本章重点介绍非能动梭式控制（阀）元件的结构、流体特征与应用。

4.1 非能动梭式控制元件的基本特性

1. 非能动梭式控制元件的结构特性

控制元件整体流线设计平衡、对称、结构简单，悬浮状自由梭芯为防冲刷无碰撞设计，力学关系明晰，整体任意角安装，密封结构良好，可实现轴向、径向、端面、气密式等多元密封，合理使用柔性、刚性、半刚性材料，可实现零泄漏。

2. 非能动梭式控制元件的流体特性

控制元件整体对称降阻，流畅节能，悬浮状自由梭芯始终与主流道同向，靠正反向微小的压差翻转，对流体变化作平稳动态响应、振荡小、噪声低，可超低背压关闭、超低压开启，防治水击，抗脉冲振荡。

3. 非能动梭式控制元件的分类

按控制方向的数量可分为梭式单向控制元件、梭式双向控制元件和梭式多向控制元件，梭式止回阀是典型的梭式单向控制元件，梭式双向节流控制阀属于梭式双向控制元件，梭式多向控制元件包括梭式三通换向阀、梭式三通分流调节阀、梭式四通换向阀、梭式四通分流调节阀等。

按执行功能分类可分为梭式单一功能元件和梭式多功能元件。其中梭式特种止回阀、梭式回流阀属于梭式单一功能元件，梭式多功能元件包括梭式双向节流阀、梭式三通分流调节阀等。

4. 与其他类型止回阀的特性对比

为了说明梭式止回阀的良好特性，特将其与旋启式止回阀、升降式止回阀和蝶式止回阀做如下四个方面的比较分析，这四种止回阀的结构分别如图4-1~图4-4所示。

1）工作原理比较

四种止回阀的工作原理如表4-1所示。

表 4-1　四种止回阀的原理

梭式止回阀	旋启式止回阀	升降式止回阀	蝶式止回阀
与管道轴心线完全对称平衡地绕流通过,阀瓣启闭的直线运动轨迹与管道同轴,具有流畅、平滑、流阻小、降噪、节能的优点	阀瓣启闭运动轨迹是以吊耳为圆心做切割管道主流道的弧线运动,启闭瞬间流阻大,冲击大,流道不对称平衡,但全导通流阻小	流道为 Z 形,转折剧烈,不平滑,不对称,流阻大	流道中部断面被阀轴和双蝶片厚度遮挡,双蝶片间易产生杂物堆积,流阻大、流道不对称

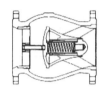

图 4-1　梭式止回阀

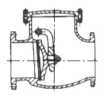

图 4-2　旋启式止回阀

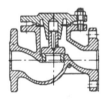

图 4-3　升降式止回阀

图 4-4　蝶式止回阀

2) 流阻系数比较

当开度为 50%～100% 时,梭式止回阀与其他三种止回阀的流阻系数如表 4-2 所示。

表 4-2　梭式与其他三种止回阀的流阻系数比较

梭式止回阀	旋启式止回阀	升降式止回阀	蝶式止回阀
1～0.7	13～0.25	43.5～4	11.2～0.31

3) 密封特点比较

梭式止回阀与其他三种止回阀的密封特点如表 4-3 所示。

表 4-3　梭式止回阀与其他三种止回阀的密封特点

梭式止回阀	旋启式止回阀	升降式止回阀	蝶式止回阀
启闭件为往复直线运动,据不同工况、介质采用多元密封(径向、轴向、端面),密封副的同轴、对称、平衡、平行运动,加工状与工作状一致,产品试验泄漏量远低于国内外标准,可以实现零泄漏	启闭件为旋转运动,密封副加工的工艺状态和工作状态不一致,阀瓣对阀座的关闭冲击不对称,很难实现良好的密封,密封试验泄漏量较大	密封受 Z 形折转影响,受力不平衡,不对称,无多种形式密封的补偿,难以实现可靠密封	两个蝶片动作难以实现同步,不对称的运动产生的背压不一致,造成密封副首压不平衡,难以保证可靠密封

4) 启闭特点比较

梭式止回阀与其他三种止回阀的启闭特点如表 4-4 所示。

表 4-4　梭式止回阀与其他三种止回阀的启闭特点

梭式止回阀	旋启式止回阀	升降式止回阀	蝶式止回阀
通用型启闭行程短，启闭速度快，启闭时间在 1s 左右；缓闭型，用于防止水击，据系统要求，启闭时间在 1~5s 可调；抗脉冲振荡型，防止往复泵及振荡源的振荡，据系统要求调节启闭时间；特殊型，可实现增压快速开启、增压阻尼关闭，启闭时间、功率可满足特殊系统要求	启闭件行程很长，因此关闭较慢，易产生流体冲击，同时密封副间撞击、振荡、异响严重	启闭件行程较短，关闭特性尚好。但启闭时间不可调节，无法防止水击和振荡	双蝶片、弹簧制造、安装造成的不对称，双蝶片间堆积造成不对称，使双蝶片启闭时不同步，产生冲击和噪声

5) 流场参数比较

利用 Ansys CFX 软件分别对含有上述四种阀门的直管段内流场展开分析，设定阀前和阀后直管段长度均为 500mm，管路和阀门的公称直径(nominal diameter，DN)均为 50mm，介质为水，入口流体压力为 1.6MPa，出口速度为 1.2m/s，在相同的条件下(出入口压力、流量、介质、阀门开度、温度等)，分析这四类阀门在 50%开启、5%开启两种情况时的出入口压差，结果分别如表 4-5 和表 4-6 所示。

表 4-5　50%开启时四种阀门的出入口压差

参数	梭式止回阀	旋启式止回阀	升降式止回阀	蝶式止回阀
入口压力/MPa	1.6	1.6	1.6	1.6
出口压力/MPa	1.5996	1.5986	1.597	1.599
ΔP/Pa	400	1400	3000	1000

表 4-6　5%开启时四种阀门的出入口压差

参数	梭式止回阀	旋启式止回阀	升降式止回阀	蝶式止回阀
入口压力/MPa	1.6	1.6	1.6	1.6
出口压力/MPa	1.593	1.588	1.590	1.597
ΔP/Pa	7000	12000	10000	3000

经过严格的行业技术评估论证和产品质量保证体系检验,梭式控制阀元件将应用于核电系统,应用到航空、航天、航海等高技术核心领域,可以全面进入通用技术的多个领域。

4.2　非能动梭式单一功能控制元件

4.2.1　梭式止回功能控制元件

1. 通用型梭式止回阀

通用型梭式止回阀主要用于常温常压系统,可按止回阀的国内或国际标准进行设计。

主要连接方式有法兰连接梭式止回阀、对夹梭式止回阀、承插焊梭式止回阀、对焊型梭式止回阀、螺纹连接梭式止回阀等。

2. 特殊用途型梭式止回阀

根据压力、温度、介质和工况的特殊要求,按止回阀的国内或国际标准进行设计,也可根据系统的特殊要求,进行非标准专门设计。温度分类如下:高温阀 $T>450℃$;中温阀为 $120℃≤T≤450℃$;常温阀为 $-40℃≤T≤120℃$;低温阀为 $-100℃≤T≤-40℃$;超低温阀为 $T<-100℃$。口径分类如下:小口径 DN≤40mm;中口径 DN 为 50～300mm;大口径 DN 为 350～1200mm;特大口径 DN≥1400mm。压力分类如下:真空阀公称压力(nominal pressure, PN)<标准大气压;低压阀 PN≤1.6MPa;中压阀 PN 为 2.5～6.4MPa;高压阀 PN 为 10.0～80.0MPa;超高压阀 PN≥100.0MPa。特殊用途型梭式止回阀的规格如表 4-7 所示。

表 4-7　特殊用途型梭式止回阀的规格

连接形式	其他	结构形式	其他
驱动方式	电磁、脚踏、手动、电子、脉冲、蒸汽、太阳能、水力控制、热力、气动、伺服、非能动等	材质	碳钢、不锈钢、黄铜、铸铁、铸钢、铸铜、球墨铸铁、合金钢、铜合金、塑料、铜、PVC、PPR、衬氟、青铜、橡胶,以及其他耐高压、高温、耐腐蚀特殊材料
加工定制	特殊结构、特殊工艺、非标准	种类	以非能动梭式阀为主的多种止回阀
压力环境	特殊压力、特殊温度、特殊介质	形态	以轴流对称为主的各种形态
介质/流向	油、气、水及各类特殊介质/单向	标准	美国标准、国际标准、国家标准、行业标准、用户特殊要求
类型(通道位置)	二通式	工作温度	低温、高温等特殊温度

注:PVC 表示聚氯乙烯;PPR 表示三型聚丙烯。

1)非能动梭式防水击特种止回阀(轴流式)

根据不同介质,研制了梭式防水击化工专用特种止回阀(抗腐蚀-多种介质)、梭式防水击油气专用特种止回阀(抗腐蚀-硫化氢)、梭式防水击舰船专用特种止回阀(抗腐蚀-海水)、梭式防水击电站专用特种止回阀(抗腐蚀-多种介质)等,在火电厂凝结水泵出口的非能动梭式防水击特种止回阀产品如图 4-5 所示。

图 4-5　非能动梭式防水击特种止回阀

在火电厂凝结水泵出口,采用普通的旋启式止回阀,在泵启停时经常出现凝结水,以及主管道及其供水支管道会产生振动、巨响的问题,对其出口止回阀进行了换型改造,改造情况及效果如表 4-8 所示。

表 4-8 火电厂凝结水泵出口止回阀改为梭式防水击特种止回阀情况汇总表

项目	参数	情况说明	结论
凝结水泵	型号：9LDTNA-5U 流量：$Q=870\text{m}^3/\text{h}$ 扬程：$H=286\text{m}$ 效率：$\eta=78\%$ 轴功率：$N=868\text{kW}$	变频运行节能	方式：1 拖 2，节电效果显著
旋启式止回阀	型号：H44H-40 参数：PN4.0MPa DN300mm 材质：WCB（铸钢）	① 启泵时：因为是空管，若定速启泵，管道中突然冲水，会使管系产生巨大的振动，如常将高压旁通阀的支管振落； ② 停泵时：运行中突然停泵，止回阀将迅速关闭，由于除氧器到凝结水泵出口的落差很大，停泵时伴随着一声巨响，之后凝结水泵出口的垂直凝结水管道会产生巨大振动； ③ 旋启式止回阀的结构特点：在阀门开关时，阀瓣沿轴旋转，因水的冲击力大，会产生阀瓣易脱落或卡涩等	对目前使用的旋启式止回阀进行更换
梭式防水击特种止回阀	型号：ZHH41H-40 参数：PN4.0MPa DN300mm 材质：2Cr13	① 解决策略：要求该止回阀够缓慢开启，在关闭时能够做到缓慢关闭，即在阀门开启或关闭时，阀瓣能够接受元件控制，而该元件能够自动接受阀瓣前后流体的变化，即实现阀门开关的非能动控制，防止流体产生的水击； ② 满足条件：缓慢关闭应满足停泵时水泵转子不会产生倒转，缓慢开启应满足在备用泵联启后能够及时给系统供水，以保证系统的压力； ③ 制造厂家：针对解决策略和满足条件，通过与梭式系列阀发明人曾祥伟研究员探讨，由我国公司制造出可以防止水击的电厂凝结水泵专用梭式止回阀； ④ 结构特点对比：升降式结构中的直通式，其阀瓣是沿弧线运动的，而梭式防水击特种止回阀的直通式中阀瓣是沿轴向运动的，直线运动比弧线运动更加简单可靠，其运动的速度和时间是可以用"梭"来进行调整和控制的；与原阀门相比，梭式防水击特种止回阀具有结构尺寸小、阀门重量轻、阀体流线流畅等特点	更换为梭式防水击特种止回阀后，使用效果良好，并解决了主管道及其供水支管道产生振动、巨响问题

2）非能动梭式零泄漏特种止回阀

非能动梭式零泄漏特种止回阀可细分为梭式零泄漏消防专用特种止回阀（多元密封、复合密封），梭式零泄漏油气储运专用特种止回阀（抗腐蚀、多元密封、硬软密封），梭式零泄漏化工专用特种止回阀（抗多种腐蚀、多元密封、软硬组合密封）等。

非能动梭式零泄漏特种止回阀在北京、广州、上海等机场的巨型油罐中已零泄漏可靠运行多年，相关产品如图 4-6 所示。

3）非能动梭式抗冲刷、淤堵特种止回阀

非能动梭式抗冲刷、淤堵特种止回阀包括梭式核电专用特种止回阀（抗海水腐蚀材料，内件全封闭），梭式化工专用特种止回阀（抗多种腐蚀材料，内件全封闭），梭式油气储运专用特种止回阀（抗硫腐蚀材料，内件全封闭），梭式污水储运专用特种止回阀（抗污水腐蚀材料，内件全封闭）等。

图 4-6　非能动梭式零泄漏特种止回阀

　　非能动梭式抗冲刷、淤堵特种止回阀应用于核电、化工、污水储运，已安全可靠运行多年，相关产品如图 4-7 所示。

图 4-7　非能动梭式抗冲刷、淤堵特种止回阀

4) 非能动梭式抗脉冲特种止回阀

　　非能动梭式抗脉冲(压缩机、往复泵、真空泵)特种止回阀(轴流式)适用于脉冲振荡严重的泵进出口和脉冲压力源系统，它可细分为梭式抗脉冲压缩机进出口专用特种止回阀(超低压开启，根据不同压力源频率调节阀芯运动频率)，梭式抗脉冲往复泵进出口专用特种止回阀(超低压开启，根据不同压力源频率调节阀芯运动频率)，梭式脉冲压力源进出口专用特种止回阀(超低压开启，根据不同压力源频率调节阀芯运动频率)，梭式抗脉冲真空泵进出口专用特种止回阀(超低压开启，根据不同压力源频率调节阀芯运动频率)等。

　　非能动梭式抗脉冲特种止回阀在脉冲振荡严重的泵进出口和脉冲压力源系统中已安全可靠运行多年，相关产品如图 4-8 所示。

图 4-8　非能动梭式抗脉冲特种止回阀

5）非能动梭式高抗硫特种止回阀

非能动梭式高抗硫（油气储运专用、油气井场专用）特种止回阀（轴流式）适用于硫化氢腐蚀严重的系统，主要有梭式高抗硫油气储运专用特种止回阀（高抗硫腐蚀材料，防水击、抗冲刷等多功能）和梭式高抗硫油气井场专用特种止回阀（高抗硫腐蚀材料，高压，防水击、抗冲刷等多功能）两种。

非能动梭式高抗硫特种止回阀在油气储运、油气井场中已安全可靠运行多年，相关产品如图 4-9 所示。

图 4-9　非能动梭式高抗硫特种止回阀

6）非能动梭式低开启压力特种止回阀

非能动梭式低开启压力特种止回阀适用于需低开启压力、零开启压力的系统，它可细分为梭式低开启压力核电专用特种止回阀（核专用材料，双支撑、两级精密配合环、高同轴度、开启压力小于 20mm 水柱），梭式低开启压力火炬气专用特种止回阀（抗硫腐蚀材料，双支撑、两级精密配合环、高同轴度、开启压力小于 50mm 水柱），梭式零开启压力核电专用特种止回阀（核专用材料，双支撑、两级精密配合环、高同轴度、开启压力为零），梭式零开启压力化工专用特种止回阀（化工用材料，双支撑、两级精密配合环、高同轴度、开启压力为零）等。

非能动梭式低开启压力特种止回阀在化工、核电系统已安全可靠运行多年，相关产品如图 4-10 所示。

图 4-10　非能动梭式低开启压力特种止回阀

7) 非能动梭式超短结构特种止回阀

非能动梭式超短结构特种止回阀(轴流式)适用于安装环境结构空间狭窄、限制重量、要求任意角度安装的非标准系统,它可细分为梭式超短结构海上平台专用特种止回阀(抗硫腐蚀材料,长度小于国内、国际标准,减小体积、重量),梭式超短结构舰船专用特种止回阀(抗海水腐蚀材料,长度小于国内、国际标准,减小体积、重量),梭式超短结构航天航空专用特种止回阀(轻质材料,长度小于国内、国际标准,减小体积、重量)等。

非能动梭式超短结构特种止回阀在海上平台已安全可靠运行多年,相关产品如图 4-11 所示。

图 4-11 非能动梭式超短结构特种止回阀

8) 非能动梭式耐高温、耐高压、抗腐蚀特种止回阀

非能动梭式耐高温、耐高压、抗腐蚀特种止回阀(轴流式)适用于耐高温、耐高压、抗腐蚀的系统,它可细分为非能动梭式耐高温、耐高压、抗腐蚀化工专用特种止回阀(抗多种腐蚀合金钢、奥氏体不锈钢,轴流对称抗冲刷结构),非能动梭式耐高温、耐高压、抗腐蚀火电专用特种止回阀(抗蒸汽腐蚀合金钢、奥氏体不锈钢,轴流对称抗冲刷结构),非能动梭式耐高温、耐高压、抗腐蚀石化专用特种止回阀(抗硫腐蚀合金钢、奥氏体不锈钢,轴流对称抗冲刷结构)等。

非能动梭式耐高温、耐高压、抗腐蚀化工专用特种止回阀在大型化工厂核心部位已安全可靠运行多年,相关产品如图 4-12 所示。

9) 非能动梭式异径特种止回阀

非能动梭式异径止回阀包括非能动梭式异径化工泵出口专用特种止回阀系列(抗多种腐蚀材料,取掉阀前异径管,优化系统),非能动梭式异径电力泵出口专用特种止回阀系列(抗蒸汽腐蚀材料,取掉阀前异径管,优化系统),非能动梭式异径冶金泵出口专用特种止回阀系列(普通抗腐蚀材料,取掉阀前异径管,节省经费,缩短工艺尺寸),非能动梭式异径石化泵出口专用特种止回阀系列(抗硫腐蚀材料,取掉阀前异径管,节省经费,缩短工艺尺寸)等。

非能动梭式异径特种止回阀在化工泵出口安全已可靠运行多年,相关产品如图 4-13 所示。

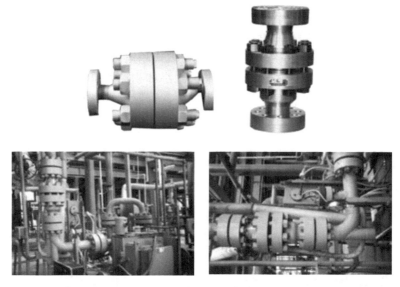

图 4-12 非能动梭式高温、高压、抗腐蚀化工专用特种止回阀

图 4-13 非能动梭式异径特种止回阀

10) 非能动梭式低温特种止回阀

非能动梭式低温特种止回阀(轴流式)适用于 $-100 \sim -40℃$ 的低温系统和 $T < -100℃$ 的超低温系统，可细分为非能动梭式低温油气储运专用特种止回阀($-46 \sim 345℃$ 采用低温碳钢(limited capacity buoy，LCB)，$-196 \sim 600℃$ 防腐蚀采用奥氏体不锈钢)、非能动梭式低温制冷专用特种止回阀($-46 \sim 345℃$ 采用低温碳钢(LCB)，$-196 \sim 600℃$ 防腐蚀，采用奥氏体不锈钢)和非能动梭式低温化工专用特种止回阀($-46 \sim 345℃$ 采用低温碳钢(LCB)，$-196 \sim 600℃$ 防腐蚀，采用奥氏体不锈钢)等。

非能动梭式低温特种止回阀已在制冷系统中安全可靠运行多年，相关产品如图 4-14 所示。

11) 非能动梭式夹套特种止回阀

非能动梭式夹套特种止回阀(轴流式)适用于介质容易结晶、产生冰堵，需要提供保温、结晶冲刷、防堵冲洗等功能的系统，可细分为非能动梭式夹套式油气输送专用特种止回阀(抗硫腐蚀材料，存保温介质、防堵塞冲刷介质)，非能动梭式夹套式石化专用特种止回阀(抗硫腐蚀材料,存保温介质、防堵塞冲刷介质),非能动梭式夹套式化工专用特种止回阀(抗多种腐蚀材料,存保温介质、防堵塞冲刷介质)等。

　　非能动梭式夹套特种止回阀已在化工系统安全可靠运行多年,相关产品如图 4-15 所示。

　　图 4-14　非能动梭式低温特种止回阀　　　图 4-15　非能动梭式夹套特种止回阀

12)非能动梭式氧气专用特种止回阀

　　非能动梭式氧气专用特种止回阀(轴流式)的结构可防止芯部活动构件与接触体面产生冲击,组件安装前要严格脱脂和禁油,防燃防水。

　　非能动梭式氧气专用特种止回阀已安全可靠运行多年,相关产品如图 4-16 所示。

图 4-16　非能动梭式氧气专用特种止回阀

13)非能动梭式大通径特种止回阀

　　非能动梭式大通径通特种止回阀(轴流式)适用于 DN350～1200mm 的大口径系统,可细分为非能动梭式大通径油气专用特种止回阀(抗硫腐蚀材料)、非能动梭式大通径化工专用特种止回阀(抗硫腐蚀材料),非能动梭式大通径油气专用特种止回阀(抗硫腐蚀材料)等,它的通径/压力关系可以不在标准规定范围内。

　　非能动梭式大通径特种止回阀已在化工系统中安全可靠运行多年,相关产品如图 4-17 所示。

　　上述 13 种非能动梭式特种止回阀适用于电力、石化、化纤、真空冶炼、高能物理、舰船、航空、航天等管道系统,可与测控系统相连,可以输出启闭状态信号,并且兼容于原有技术系统,替代相同功能的元件而独立存在。

图 4-17　非能动梭式大通径特种止回阀

4.2.2　其他单一功能控制元件

除了非能动梭式止回阀外,非能动梭式单一功能控制元件还包括非能动梭式回流阀、非能动梭式差动泄压阀、非能动梭式节能疏水器、非能动梭式调节阀、非能动梭式截止阀、非能动梭式调节阀等,其驱动方式有非能动、电动、气动、手动,可与测控系统相连,可以输出启闭状态信号,并且兼容于现有技术系统,主要包括以下几种。

1. 非能动梭式全自动回流阀

非能动梭式全自动回流阀由梭式止回阀串接梭式三通分流,为穿流式回流,比重锤和电控回流阀更可靠,可以靠系统自身能量实现最小流量保护、防逆转、防发热、减少频繁启动,特别适用于化工、锅炉供水、冶炼供水、冷凝水等重要系统,是必需设置的主泵保护装置,已经在四川、贵州、云南、湖北等化工、石油、石化工程中可靠运行了多年,如图 4-18 所示。非能动梭式全锻造高压回流阀功能与梭式全自动回流阀系列相同,采用全锻造阀体,更安全可靠,适用于高压大流量系统。

图 4-18　非能动梭式全自动回流阀

2. 非能动梭式高温高压角阀

非能动梭式高温高压角阀适用于高温高压系统,依靠系统正压打开,依靠系统背压关闭，阀杆仅用于限制阀芯的位移。非能动梭式高温高压角阀已在石油、化工系统中可靠运行多年，如图 4-19 所示。

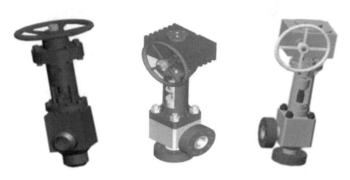

图 4-19　非能动梭式高温高压角阀

3. 非能动梭式高温高压截止阀

非能动梭式高温高压截止阀适用于高温高压系统，依靠系统正压打开，依靠系统背压关闭，阀杆仅用于限制阀芯的位移和节能。非能动梭式高温高压截止阀已在石油、化工系统中可靠运行多年，如图 4-20 所示。

图 4-20　非能动梭式高温高压截止阀

4. 非能动梭式泄压阀

非能动梭式泄压阀包括非能动梭式直动式泄压阀、非能动梭式差动式泄压阀和非能动梭式先导式泄压阀。非能动梭式泄压阀具有高度的安全性和可靠性，适用于航空航天、航海、核能、电力、石油、化工、天然气、工程机械等行业的高端系统。其中，非能动梭式直动式泄压阀和非能动梭式差动式泄压阀可与测控系统相连，可以输出启闭状态信号；非能动梭式先导式泄压阀具备非能动、现场手动和远控电驱三重泄压保护，兼容于原有技术系统。非能动梭式泄压阀已在航油输送、液化气、化工厂等系统零泄漏运行多年，非能动梭式直动式、先导式泄压阀分别如图 4-21(a)、(b)所示。

(a) 非能动梭式直动式泄压阀　　　　　　(b) 非能动梭式先导式泄压阀

图 4-21　非能动梭式泄压阀

5. 非能动梭式调节阀

非能动梭式调节阀用梭式指挥器代替喷嘴挡板，由梭式主阀构成。梭式指挥器置于梭式主阀体外，可以随下游压力变化调节进口流量，使下游压力保持相对稳定。非能动梭式调节阀已在泸州、成都天然气管网中运行多年，调节精度为 3%，如图 4-22 所示。

图 4-22　非能动梭式调节阀

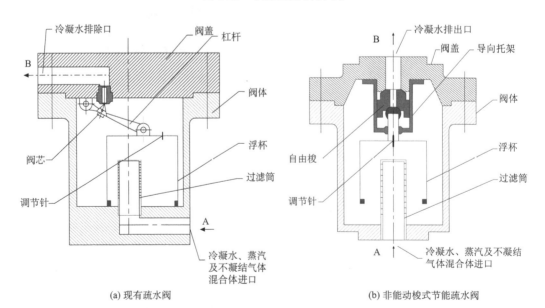

(a) 现有疏水阀　　　　　　　　　　　(b) 非能动梭式节能疏水阀

图 4-23　非能动梭式节能疏水阀与现有疏水阀对比

6. 非能动梭式节能疏水阀

非能动梭式节能疏水阀拥有与轴心线完全对称平衡的结构。阀芯与阀座加工的一致性，使其密封可靠、节能环保，可以靠系统自身能量控制，其与现有疏水阀的对比如图 4-23 所示。

4.3　非能动梭式多种功能控制元件

1. 非能动梭式双向节流阀

非能动梭式双向控制元件，具有双向调节、正反向不等流功能，已生产出叠加(集成)式、管道式结构产品，可以使控制简化，使机床、压力机械、工程机械产生新控制系统，因此具有高度安全可靠性。目前，非能动梭式双向节流阀已在机床、液压系统以及供水系统可靠地运行多年，如图 4-24 所示为叠加式结构产品及其应用回路示意图。

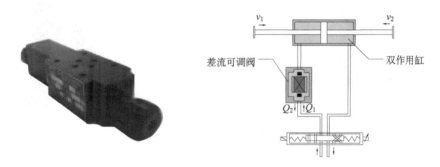

图 4-24　非能动梭式双向节流阀及其应用回路示意图

2. 非能动梭式截止阀、非能动梭式截止止回阀

非能动梭式截止阀仅具有截止阀功能，依靠系统正压打开，依靠系统背压关闭，阀杆仅用于限制阀芯的位移；非能动梭式截止止回阀同样依靠系统正压打开，依靠系统背压关闭，阀杆仅用于限制阀芯的位移，同时具有截止和止回的功能。两类阀门均结构简单、节能，可简化现有系统，节约成本。它们已可靠地在石油、化工系统运行多年，如图 4-25 所示。

3. 非能动梭式清管阀

依靠介质动力驱动的清管球通过在管道中运动来清洁管壁，当其到达阀前固定的位置时，发出流体控制信号，驱动主阀打开后，清管球顺利通过。整个过程靠流体自身的能量实现控制，也可以手动启闭。该装置可独立存在，也可与原有控制系统、VSAT、SCADA 系统兼容，实现全自动清洁管道系统，如图 4-26 所示。

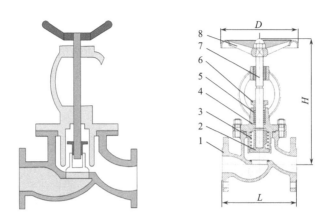

图 4-25　非能动梭式截止阀、非能动梭式截止止回阀
1-阀体；2-阀瓣；3-弹簧；4-阀盖；5-填料；6-填料压盖；7-阀杆；8-手轮

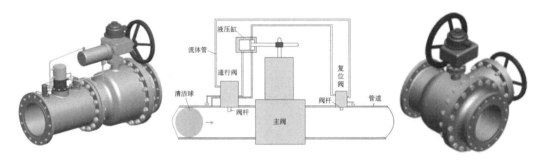

图 4-26　非能动梭式清管阀

4. 非能动梭式控制球阀、蝶阀、闸阀

在现有能动控制技术球阀、蝶阀、闸阀驱动缸的基础上增设梭式双向节流器，提高原有技术的调节精度，扩大调节范围。在不改变主阀结构的条件下实现启闭速度的调节，可把主阀启闭时间由 1～2s 扩大到 1～60s，可以减小启闭冲击，如图 4-27 所示为非能动梭式控制球阀、蝶阀与闸阀。

　　球阀　　　　　　　　　　　蝶阀　　　　　　　　　闸阀
图 4-27　非能动梭式控制阀

5. 非能动梭式三通换向阀、非能动梭式三通分流调节阀

非能动三通多向控制元件分非能动梭式三通换向阀和非能动梭式三通分流调节阀。非能动梭式三通换向阀仅具有换向功能，而非能动梭式三通分流调节阀同时具有换向和双向调节功能，它依据正、反向压差实现正、反向压差驱动的换向，交替输出可调节的分流，适用于易燃易爆、高温高压等系统，新控制系统使控制简化，更加安全可靠，如图 4-28 所示。

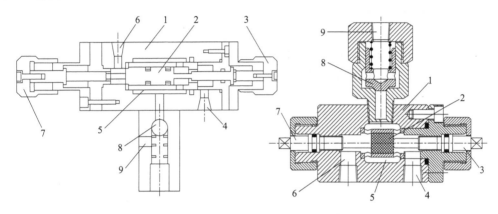

图 4-28　非能动梭式三通分流调节阀

1-阀体；2-阀芯；3-右调节器；4-通道 B；5-旁通道；6-通道 A；7-右调节器；8-止回阀；9-通道 C

6. 非能动梭式四通换向阀、非能动梭式四通分流调节阀

非能动四通多向控制元件分非能动梭式四通换向阀(图 4-29(a))和非能动梭式四通分流调节阀(图 4-29(b))，前者仅有换向功能，后者同时具有换向和双向调节功能。同

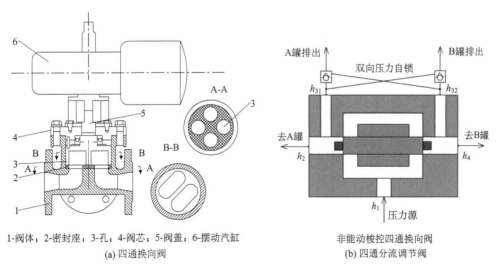

1-阀体；2-密封座；3-孔；4-阀芯；5-阀盖；6-摆动汽缸
(a) 四通换向阀

非能动梭式控四通换向阀
(b) 四通分流调节阀

图 4-29　非能动梭式四通多向控制元件

样，非能动梭式四通分流调节阀可依据正、反向压差实现正、反向压差驱动的换向和无级调节交替地把压力源第一方导向第二方或第四方，由压力自锁决定第三方的出口排出，适用于易燃易爆、高温高压等系统，使控制系统简化，更加安全可靠。

7. 非能动梭式控制管道爆破保护阀

非能动梭式控制管道爆破保护阀有直动式、通球式、自力通球式、完全非能动式等多种形式。小口径管道非能动梭式控制管道爆破保护装置为 DN50～300mm，实现全封闭，已在我国渤海浅海输油管道、胜利油田、克拉玛依油田防窃油等管道系统可靠运行多年。

DN 大于 300mm 的大口径完全非能动保护装置可实现大流量、通球等功能，而且不改变球阀或闸阀主体，配梭式控制、通行、感流器，实现无外设动力源的控制。

第5章 非能动梭式控制单元

非能动梭式控制单元主要有两种情况，一种是由非能动梭式阀门自身结构产生变化，组合形成相对独立的控制功能单元，称为非能动梭式控制独立单元，此时也可与能动元件配套组合而成；另一种是非能动梭式控制阀门作为元件，与球阀、蝶阀、闸阀等能动阀门一起形成功能单元，称为非能动梭式控制集成单元。

5.1 非能动梭式控制独立单元

通常，非能动梭式控制独立单元是根据具体工程问题的需要提出来的。下面介绍几类比较典型的独立单元。

5.1.1 非能动梭式清除析出物堆积单元

下面对 DN350mm 的"乙炔裂化气压机改造梭式止回阀"的设计方案加以说明。

（1）为了减少析出物的堆积，专门设计超短型特种梭式止回阀结构，常规止回阀长度为 790mm，而该阀长度只有 270mm，行程减少了 520mm。

（2）增加物理排冲措施，阀体上接入 2 根直径为 1 英寸的高压蒸汽或水冲洗管，阀体前后各有三组 80 个直径为 1.5～2mm 的射流冲洗孔，用来冲洗阀座、阀瓣、阀杆、阀套和阀内壁腔。阀体前侧或后侧冲洗孔流通，保证总面积大于 400mm²，保持高压蒸汽或水的冲洗压力。

（3）尽量简化阀芯及通道结构，做到流畅贯通、无死区堆积，结构简单，安装使用方便。

非能动梭式清除析出物堆积单元系统原理图如图 5-1 所示，DN350mm 超短型特种梭式止回阀结构如图 5-2 所示。

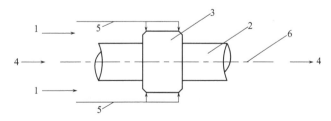

图 5-1 非能动梭式清除析出物堆积单元系统原理图

1-高压水、空气、蒸汽；2-主管道；3-超短特种梭式止回阀；
4-主管道流向；5-射流冲洗管道；6-主管道轴心线

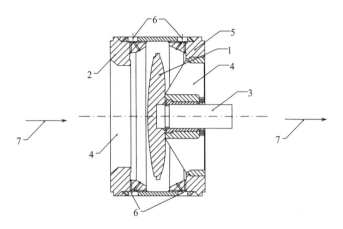

图 5-2   超短型特种梭式止回阀结构

1-阀瓣；2-阀座；3-阀轴；4-主流道；5-阀体；6-射流冲洗孔；7-主管道流向

5.1.2   其他梭式控制独立单元

1. 非能动梭式脉冲发生器单元

如果改变现有脉冲发生器的有级调节，可以实现实时在线调节，其调节范围宽、强度大，从而降低了成本，适用于超精密磨削脉冲发生器。非能动梭式脉冲发生器如图 5-3 所示，现有喷嘴挡板冲发生器如图 5-4 所示。

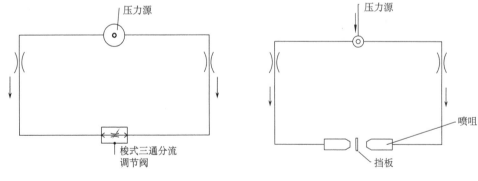

图 5-3   非能动梭式脉冲发生器   图 5-4   喷嘴挡板冲发生器

2. 非能动梭式防水击抗脉冲振荡单元

非能动梭式防水击抗脉冲振荡单元由梭式抗脉冲振荡阀、梭式防水击阀、梭式补气阀构成，适用于三相流、二相流，如火电厂冷凝泵出口、天然气井口等地方，实现抗水击振荡。目前，非能动梭式防水击抗脉冲振荡单元已经在我国万家寨引黄工程、宜昌自来水系统中应用，取代进口主阀运行了多年，并且在核电、火电、水电、化工、农业工程中也有广泛应用。

3. 非能动梭式随动跟踪调节单元

非能动梭式随动跟踪调节单元的特点是用梭式先导阀与梭式主阀构成梭式随动跟踪调节器。梭式先导阀与梭式主阀构成一体化结构，置于舰船排水泵出口，随动于出口水深压力，可无级变化，通过自动调节泵出口的阻抗，形成一个完全非能动控制的随动跟踪调节系统，可以提高舰船的安全性、可靠性。

4. 非能动梭式双向调节阀单元

非能动梭式双向调节阀单元的特点是具有结构智能控制基本元件，能双向调节产生的正、反向不等流，已衍生出叠加(集成)式、管道式结构产品，使控制简化，为机床、压力机械、工程机械带来新控制系统，具有高度安全可靠性。

5.2　非能动梭式控制集成单元

5.2.1　非能动梭式过滤器保护单元

非能动梭式过滤器保护单元安装在过滤器上游，当过滤器堵塞造成前后压差大于许用压差时，过滤器保护阀将自动关闭，避免保护过滤器受到破坏，该阀还可根据需要发出关闭信号，以便维修人员及时更换或清洗滤芯。

非能动梭式过滤器保护单元的特点如下。

(1)自力式元件，不需要任何外部能源。

(2)利用梭式三通分流调节阀的基本原理，密封性能好，使用寿命长。

(3)灵敏度、精度高，运行可靠。

根据需要，用户可选择以下几种方式进行过滤器保护。

(1)切断流体，发出信号。当过滤器前后压差$\Delta P >$许用压差$[\Delta P]$时，过滤器保护阀关闭同时发出信号，其正常工作过程如图 5-5 所示。

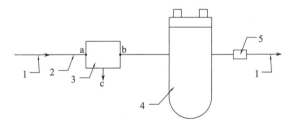

图 5-5　非能动梭式过滤器保护单元正常工作过程

1-主管道流向；2-主管道；3-梭式三通保护阀；4-过滤器；5-梭式止回阀

正常工作过程：输送油→1→2→3(a、b 通，c 断开)→4→5→输出。

(2)绕过过滤器，发出信号。当$\Delta P > [\Delta P]$时，主管道关断，介质通过旁通管流向过滤器后端,作为短暂应急通道,同时发出信号,其绕流过程如图 5-6 所示。

故障工作绕流过程:输送油→1→2→3(a、c 通,b 断开)→6(绕流管)→5→1。

(3)并联过滤器,双过滤器互为备用,交替使用,不间断输送,其不间断输送过程如图 5-7 所示。

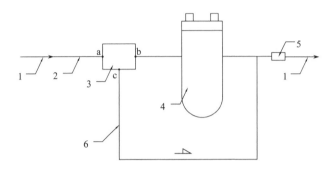

图 5-6　非能动梭式过滤器保护单元绕流过程

1-主管道流向;2-主管道;3-梭式三通保护阀;4-过滤器;5-梭式止回阀;6-绕流管

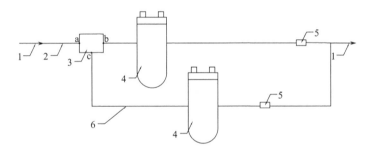

图 5-7　非能动梭式过滤器保护单元不间断输送过程

1-主管道流向;2-主管道;3-梭式三通保护阀;4-并联过滤器;5-并联梭式止回阀;6-并联管

故障工作过程(双过滤器并联):输送油→1→2→3(a、c 通,b 断开)→6→4(并联过滤器)→5(并联梭式止回阀)→1。

(4)流回油池,发出信号。当 $\Delta P > [\Delta P]$ 时,主管道关断,介质通过旁通管流回油池,同时发出信号,其流回油池的过程如图 5-8 所示。

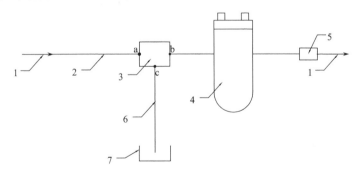

图 5-8　非能动梭式过滤器保护单元流回油池过程

1-主管道流向;2-主管道;3-梭式三通保护阀;4-过滤器;5-梭式止回阀;6-并联管;7-回流池

故障工作过程(回流)：输送油→1→2→3(a、c 通，b 断开)→回流管→回流地。

非能动梭式过滤器保护单元的参数如下：①PN 为 1.0～10.0MPa；②DN 为 25～400mm；③关闭压差 $\Delta P > 0.1$ MPa；④温度＜200℃。

非能动梭式过滤器保护单元的材料如下：①阀体为碳钢、不锈钢；②阀套为不锈钢；③阀芯为不锈钢；④弹簧为不锈钢。

5.2.2　非能动梭式三通换向调节单元

ZS 型梭式控制三通换向阀主要用于改变介质流向，它能根据不同的需要使介质流向发生周期性或非周期性的改变。ZS 型梭式控制三通换向阀主要由控制机构、执行机构阀体、阀盖阀瓣、阀座等零件组成。其中，控制机构装有差流可调梭阀，它能精确控制换向时间，在使用过程中可根据需要对换向时间进行调节。可采用法兰或焊接方式与管道连接，大口径阀采用焊接结构，小口径阀为铸件结构。阀杆密封方式可根据工况采用填料或填料加气封结构，密封面材料为金属/金属或金属/橡胶。非能动梭式三通换向阀单元可以用于低压大口径系统脱硫、尾气排放的换向，驱动系统可以采用梭式调节方式，具有流阻小、操作方便的特点。

DN 为 1200mm 的梭式控制三通换向阀 ZS641F-2.5 可作为环保和尾气排放的工艺转换装置的关键设备，已在黄金冶炼厂成功使用。该阀采用气动驱动机构，阀杆密封方式为填料加气封，密封面材料为氟橡胶，介质为空气，温度为 200℃，换向周期为 5～10min，换向时间＜2s。

经过多次运行表明，该阀完全能满足装置的要求，是环保和尾气排放工艺转换装置上不可缺少的关键设备，其结构见图 5-9，零件名称见表 5-1。

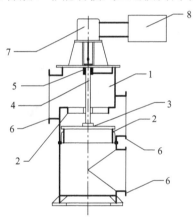

图 5-9　ZS 型梭式控制三通换向阀结构

表 5-1　ZS 型梭式控制三通换向阀零件

序号	名称	序号	名称
1	阀体	5	填料函
2	阀座	6	法兰接口
3	阀瓣组件	7	驱动机构
4	阀杆	8	控制机构

5.2.3　非能动梭式控制球阀单元

梭式控制球阀系列是根据梭式双向调节阀的基本原理设计而成的新型阀门，它利用梭式双向调节阀作为控制元件，能够精确控制阀门的启闭时间。同时，也可利用流体介质自身能量对阀门的启闭进行自力式操作，可广泛应用于石油、天然气、化工、长输管道、电力、供水、环保等行业。SQ 型梭式控制球阀结构及控制图见图 5-10，ZSQ 型梭式控制球阀结构及控制图见图 5-11，零件名称见表 5-2。

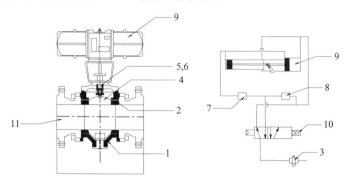

图 5-10　SQ 型梭式控制球阀结构及控制图

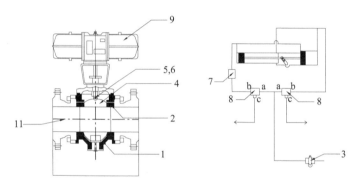

图 5-11　ZSQ 型梭式控制球阀结构及控制图

表 5-2　梭式控制球阀结构零件名称

序号	零件名称	序号	零件名称
1	主阀体	7	梭式双向调节阀
2	主阀座	8	平衡阀(SQ 型)/三通换向阀(ZSQ 型)
3	液压气动三联件	9	驱动器(气/液缸)
4	主阀球体	10	二位四通换向阀(SQ 型)
5	主阀杆	11	主流道
6	主阀填料		

　　非能动梭式控制球阀单元 PN 为 1.6MPa，阀体材料为碳素钢，密封面材料为聚四氟乙烯，驱动装置为液动，法兰连接，浮动球式梭式控制球阀的型号为 SQ741F-16C，具有以下特点。

　　(1)由于应用了梭式双向调节阀作为控制元件，能够有效地控制启闭时间，并且能对启闭速度进行精确调节，可有效避免因阀门的启闭而造成的水击现象，系统运行更加安全可靠。

(2) ZSQ 型梭式控制球阀结构能够利用管道中介质自身的能量来作为驱动能源，不需要任何外部能源，从而实现自力式操作。

(3) 采用新型的阀座密封结构，在任何工作压力下，阀门都具有优良的密封性能。

(4) 采用防静电结构，当阀门应用于可燃性介质时，能有效避免因静电而产生的爆炸事故。

(5) 按美国石油协会(American petroleum institute，API)的阀门耐火试验标准 RP6F 要求进行防火设计，阀门具有防火功能。

(6) 具有双阻塞与泄放及自动泄压功能，运行更加安全可靠。

(7) 可与不同的探测器组合，实现紧急切断功能，如遇地震、火灾、停电时等。

(8) 结构紧凑，运行平稳，适于远距离自动控制，也可进行手动操作。

非能动梭式控制球阀单元的适用规范如下。

(1) 结构长度参照国家标准《金属阀门　结构长度》GB/T 12221—2005 和 API 的长度标准 ASME B16.10。

(2) 法兰尺寸参照《钢制管法兰　类型与参数》GB/T 9112—2010，《钢制管法兰(PN 系列)》HG 20592—2009、《钢制法兰(Class 系列)》HG/T 20615—2009，钢制管法兰中国机械行业阀门连接法兰标准 JB/T 79—1994～JB/T 86—1994、JB/T 74—1994，以及美国国家标准(American national standard institute, ANSI)的法兰尺寸标准 ASME B16.5。

(3) 试验及检验国家标准《阀门的检验与试验》JB/T 9092—1999 和 API 标准的《阀门的检查与试验》API 598。

5.2.4　非能动梭式控制蝶阀单元

梭式控制蝶阀系列利用梭式双向调节阀作为控制元件，能够精确控制阀门的启闭时间。同时，也可利用流体介质自身能量对阀门的启闭进行自力式操作，可广泛应用于石油、天然气、化工、长输管道、电力供水、环保等行业管道系统。SD 型梭式控制蝶阀结构及控制图如图 5-12 所示，ZSD 型梭式控制蝶阀结构及控制图如图 5-13 所示，图中各零件名称见表 5-3。

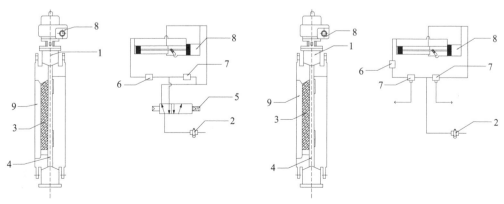

图 5-12　SD 型梭式控制蝶阀结构及控制图　　　　图 5-13　ZSD 型梭式控制蝶阀结构及控制图

表 5-3　梭式控制蝶阀结构零件名称

序号	零件名称	序号	零件名称
1	主阀体	6	梭式双向调节阀
2	液压气动三联件	7	平衡阀(SD 型)/三通换向阀(ZSD 型)
3	主阀蝶板	8	驱动器(气/液缸)
4	主阀阀轴	9	主流道
5	二位四通换向阀(SD 型)		

　　非能动梭式控制蝶阀单元的 PN 为 1.0MPa,阀体材料为碳素钢,密封面材料为橡胶,法兰连接,气动梭式控制蝶阀型号为 SD641X-10C,其特点和非能动梭式控制球阀单元的特点(1)、(2)、(3)、(7)、(8)相同。

　　非能动梭式控制蝶阀单元的适用规范如下。

　　(1)结构长度参照国家标准《金属阀门 结构长度》GB/T 12221—2005。

　　(2)法兰尺寸参照《钢制管法兰 类型与参数》GB/T 9112—2010,《钢制管法兰(PN 系列)》HG 20592—2009、《钢制法兰(Class 系列)》HG/T 20615—2009,钢制管法兰中国机械行业阀门连接法兰标准 JB/T 79—1994～JB/T 86—1994、JB/T 74—1994,以及 ANSI 的法兰尺寸标准 ASME B16.5。

　　(3)试验及检验参照国家标准《阀门的检验与试验》JB/T 9092—1999。

5.2.5　非能动梭式控制闸阀单元

　　梭式控制平板阀也是根据梭式双向调节阀的基本原理设计而成的一种新型平板闸阀,它利用梭式双向调节阀作为控制元件,利用流体自身的压力进行自力式控制,具有优良的密封性能和很小的启闭力矩,广泛应用于天然气、石油、化工、水电及环保等行业的管道系统中,起到接通或截断管道,输送介质的作用。SZ(KSZ)型梭式控制平板阀见图 5-14,ZSZ(KZSZ)型梭式控制平板闸阀见图 5-15,图中各零件名称及材料如表 5-4 所示。

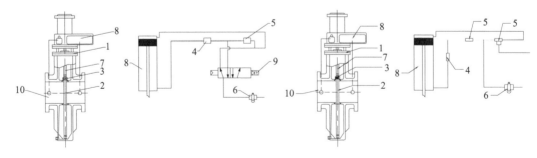

图 5-14　SZ(KSZ)型梭式控制平板阀　　　　　图 5-15　ZSZ(KZSZ)型梭式控制平板阀

表 5-4　非能动梭式控制平板闸阀零件名称及材料

序号	零件名称	材料	
		SZ 型、ZSZ 型	KSZ 型、KZSZ 型
1	主阀阀体	ASTM-A216 Gr WCB[①]	
2	主阀阀板	合金钢(经表面处理或堆焊硬质合金)	
3	主阀密封环	填充聚四氟乙烯	
4	梭式双向调节阀		
5	平衡阀[SZ(KSZ)型]/三通换向阀[ZSZ(KZSZ)型]		
6	液压气动三联件		
7	主阀阀杆	不锈钢	抗硫不锈钢
8	驱动器(气/液缸)		
9	二位四通换向阀(SQ 型)		
10	主流道		

注：①美国材料与试验协会(America society of testing materials，ASTM)标准的碳素铸钢 ASTM-A216 Gr WCB。

非能动梭式控制闸阀单元具有以下特点。

(1)利用梭式双向调节阀及流体自身的能量能够实现自力式控制，阀门的操作力很小，启闭灵活。同时，通过对梭式双向调节阀的控制能够精确控制阀门的启闭速度。

(2)采用根据梭式双向调节阀密封原理设计而成的补偿式阀座，与阀板贴合紧密，具有双重密封功能，在任何工作压力下都能实现可靠密封。

(3)阀板及阀座表面经特殊处理，摩擦力小，还可以通过注脂辅助密封，密封更可靠，使用寿命更长。

(4)具有双阻塞及自动泄放功能，当阀门中腔介质的压力因某种原因升高至一定程度时，阀座会自动脱离阀板，部分中腔介质排向管道，减小中腔压力，阀门运行更安全，更可靠。

(5)阀启闭件密封结构、中法兰及填料函均按美国石油协会的 API6FA 阀门耐火试验规范要求设计，阀门具有防火功能。

(6)阀具有防静电功能。

(7)可配合多种驱动装置，实现远距离操作。

(8)可与不同的探测器组合，实现自动紧急(如遇地震、管道爆破、火灾、停电等)切断功能。

(9)抗硫型的梭式控制平板阀用于含硫化氢(H_2S)的天然气或石化系统。

(10)可根据需要选择气动液动及伞齿轮传动等驱动装置。

非能动梭式控制闸阀单元的适用范围如下。

(1)适用介质为原油、油品、天然气、液化石油气、水等。

(2)适用温度为-29～121℃，46～200℃。

(3)压力等级为 150～600Lb，即 1.6～10.0MPa。

(4)通径为 2～56in，即 50～1400mm。

注：梭式控制平板阀的具体结构(控制部分及密封结构)可以根据使用介质的不同而进行相应的调整，以便能最大限度地满足用户的需要。

非能动梭式控制闸阀单元的适用规范如下。

(1)结构长度参照国家标准《金属阀门 结构长度》GB/T 12221—2005 和 API 的长度标准 ASME B16.10。

(2)法兰尺寸参照《钢制管法兰 类型与参数》GB/T 9112—2010，《钢制管法兰(PN系列)》HG 20592—2009、《钢制法兰(Class 系列)》HG/T 20615—2009，钢制管法兰中国机械行业阀门连接法兰标准 JB/T 79—1994～JB/T 86—1994、JB/T 74—1994，以及 ANSI 的法兰尺寸标准 ASME B16.5。

(3)焊接要求参照美国国家标准的 ANSI B16.25 及 ANSI B 16.34 标准。

非能动梭式阀驱动系统和梭式(轴流式)结构主阀构成非能动梭式切断阀。可以选择非能动梭式切断阀驱动单元的驱动方式，也可以调节主切断阀的启闭速度和流量。主切断阀采用对称平衡、流阻小、抗冲刷和振荡的梭式结构(轴流式)，可作为核电、火电的主蒸汽隔离阀和主供水阀，它是石油、化工、航空、航天、航海、天然气储运等管道系统的紧急切断阀，可以实现非能动控制。该单元能把管道传输的高温高压、有毒有害介质与控制动系统分离开来，以此实现管道爆破瞬间切断，防止输送介质泄漏。

5.3 梭式控制集成单元的性能

本节以非能动梭式控制球阀为例加以说明。输送管道需要全线自动化控制，梭式控制球阀是管道自动化控制的一个重要基础元件。该球阀的主体部分没有大的改变，因此主阀的流体特性和结构力学特性没有改变，只是改变了驱动装置的气动(液压)系统，使主阀调节精度更高，调节范围更广，启闭更安全可靠。差流可调梭阀是构成阀驱动系统的主要元件，它可以自动控制球阀的启闭时间，防止液体输送管道启闭过快而产生水击，使气体输送管道获得稳定流运行趋势，实施管道保护。

1. 梭式控制球阀的工作原理

梭式控制球阀见图 5-16，其主体通常为球阀，阀的驱动装置采用气动或液压系统，梭式控制球阀气动系统原理如图 5-17 所示。

图 5-16 梭式控制球阀

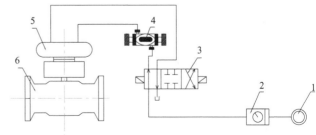

图 5-17 梭式控制球阀气动系统原理图

1-气源；2-气动三联件；3-三位四通换向阀；4-差流可调梭阀；5-汽缸；6-球阀

如图 5-17 所示,主阀为球阀,气动系统由五部分组成,气源通过气动三联件(主要指过滤空气、减压、喷油雾),经过三位四通换向阀,进入差流可调梭阀注入,汽缸推动活塞,驱动球阀开启,开启动作由三位四通换向阀的电磁阀动作换向来完成。关闭动作是指左汽缸进气,右汽缸排气,气体通过差流可调梭阀,由三位四通换向阀排出。

由于汽缸活塞右端的进气和排气都通过差流可调梭阀,进气和排气速度得到有效控制,从而控制了活塞的移动速度和球阀的启闭速度,这样可以更好地满足管道输送的需要,使输送管道运行更加安全、可靠。

差流可调梭阀(梭式二通双向控制元件)具有多种功能,控球阀只运用了其双向交替节流功能。该阀结构简单、密封性能好、灵敏度高,其主要由梭腔、梭腔两端连通两个进出口、旁通道,以及装在梭腔内的梭芯和梭腔两端控制梭芯行程的两个节流定位件组成。定位控制件可以采用手动、电动、气动、液动及计算机连接等驱动方式,在单通道内可以实现流体的正反方向通过。通过控制梭芯的位置来调节流量大小,获得需要的流量 $Q_1 = (0 \sim 100\%)Q_h$,$Q_2 = (0 \sim 100\%)Q_h$,$Q_1 \neq Q_2$。流体可以均衡地将流量调节到较小值,从趋近于零到最大,因此获得的控制时间范围很宽。

差流可调梭阀梭芯的位置由比例电磁铁控制,能够非常方便地与数字式自动控制系统相结合,实现总线控制。梭芯的移动由流体压差来推动,从而实现双向调节。流量的大小可以由定位件来调节,从而控制球阀的启闭速度。

2. 梭式控制球阀试验

选用的梭式控制球阀参数如下:DN 为 100mm,PN 为 1.6MPa,球阀气动头型号为 AW13,气动头的动作时间为 2s(开→关)、2s(关→开),气动头动力气源为 0.4～0.7MPa。试验介质为水,流量为 50～100m³/h,介质温度为 250℃。梭式控制球阀试验装置示意图见图 5-18。

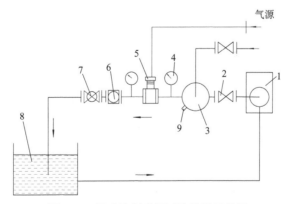

图 5-18　梭式控制球阀试验装置示意图

1-水泵;2-闸阀;3-稳压器;4-压力表;5-梭式控制球阀;6-流量计;7-调节阀;8-水箱;9-温度计

试验装置采用开式试验回路,水泵吸入水箱水,通过闸阀进入稳压器,再从压力表进入梭式控制球阀、流量计、调节阀、水箱。水的流量大小由调节阀来控制,当流量调节为 80m³/h 时，开始进行梭式控制球阀试验。

梭式控制球阀的启闭由三位四通换向电磁阀控制。汽缸活塞移动的快慢与汽缸进气管进气的大小成正比，汽缸进气的大小由差流可调梭阀来调节(调节手柄带有刻度)。首先调节手柄 A 顺时针旋转到刻度为 0，开始做开启试验，用秒表记录开启的时间，记录流量(0~80m³/h)的变化情况，完成后再调节刻度为 0.5、1.5、3 等，一直到 40 格，分别记录对应的开启时间和流量变化情况。

第二次试验再调节手柄 B 做顺时针旋转，刻度仍然从 0 变化到 40 格，记录关闭的时间，记录流量从 80m³/h 下降到 0 的变化情况。反复三次以上的试验，获得数据，列入表中。

3. 试验结果及分析

梭式控制球阀启闭试验结果如表 5-5，随着差流可调梭阀 A、B 手柄刻度格的变化，梭式控制球阀启闭时间也发生了大的变化。

表 5-5 梭式控制球阀启闭试验结果

	手柄 A 刻度/格	0.1	0.3	0.5	1.5	3	5	10	15	20	40
开启	时间/s	60	45	35	26	23	18	12	8	5	2
关闭	手柄 B 刻度/格	0.1	0.3	0.5	1.5	2	5	10	15	20	40
	时间/s	62	46	35	25	21	18	9	6	5	2

从表 5-5 可以看出，手柄 A 的刻度线越接近 0，开启行程的时间越长。刻度线从 0.1 到 40 格，开启时间是从 60s 到 2s，40 格以上都是 2s，即气动头的动作时间。

关闭时，手柄 B 的刻度线越接近 0，关闭行程的时间越长。刻度线从 0.1 到 40 格，关闭时间是从 62s 到 2s，40 格以上都是 2s，即气动头的动作时间。

国内外阀门驱动装置动作时间见表 5-6。

表 5-6 国内外阀门驱动装置动作时间

生产厂家	美国 SHAFER	中日合资 α-MAX	中国天津市自动化仪表厂	中国四川孚碚公司
产品型号	RV-Series 5x3in	AW13	Qt 型气动执行器 QZ150	ZS 型气动执行器 ZS100
动作时间	4s	2s	2s	2~62s

注：四川孚碚公司即四川孚碚流体控制系统技术有限责任公司。

为了加长驱动装置动作时间，一般在气动系统中串接一个节流系统或增加两个孔板(不可调节)来延长启闭的时间，其结构很复杂且价格昂贵。

4. 与国外技术的对比

大型驱动装置生产厂家普遍采用的几种典型驱动装置调速系统如图 5-19~图 5-22 所示。

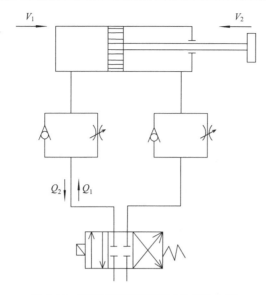

图 5-19　节流式调速系统(国外相关公司)

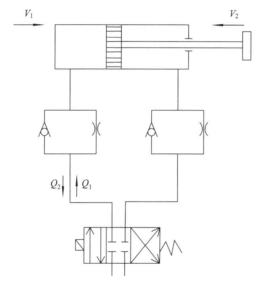

图 5-20　孔板式调速系统(国外相关公司)

　　图 5-19 是节流式调速系统,在换向阀后增加两套止回阀和节流阀来调节控制速度。图 5-20 是孔板式调速系统,在换向阀后增加两套止回阀和孔板来调节和控制速度。图 5-21 是桥式调速系统,是一个典型的双作用油(汽)缸控制系统,控制活塞向两个方向运动的线速度不等,即 $V_1 \neq V_2$,这就需要一个调节阀来控制进、出油缸的流量,使 $Q_1 \neq Q_2$。由于现有调节阀是单向的,必须采用桥式结构来满足双向调节的要求。图 5-22 是差流可调梭阀调速系统,差流可调梭阀具有双向差流调节功能,用一只差流可调梭阀就可代替由 4~6 只阀构成的节流式、孔板式或桥式调速系统,从而实现 $Q_1 \neq Q_2$,即 $V_1 \neq V_2$。以 PN 为 10MPa,DN 为 25mm 为例,以上几种调速系统的经济技术比较如表 5-7 所示。

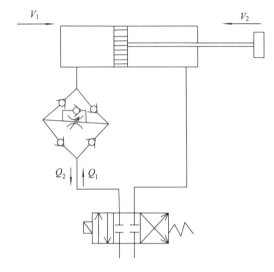

图 5-21　桥式调速系统(国外相关公司)

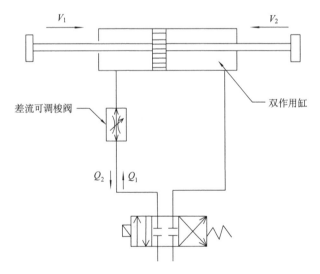

图 5-22　差流可调梭阀调速系统(中国流体控制公司)

表 5-7　调速系统的经济技术比较

比较内容	节流式调节系统	孔板式调速系统	桥式调速系统	差流可调梭阀调速系统
制造成本	150%	100%	250%	30%
调节功能	定量单向 无级调节	定量单向 有级调节	等量双向 无级调节	定比差量双向无级调节, 随机差量双向无级直线调节
结　构	4 个元件构成	4 个元件构成	6 个元件构成	1 个元件构成

　　差流可调梭阀调速系统可使驱动装置在 2～62s 任意调节。手柄 A、B 采用不同刻度调节可实现差流 $Q_1 \neq Q_2$，替代了一个节流系统或孔板系统，也替代了双向桥式节流系统。另外，也可以通过伺服马达、电磁阀与计算机联网的方式进行自动化控制。

　　梭式控制驱动系统不仅适用于球阀，也适用于蝶阀、闸阀和其他阀的启闭时间控制与调节，还可以对主阀体的流量和压力进行控制和调节。

第6章　非能动梭式控制系统

管道运输是五大运输手段之一，是工业国家的主动脉。20 世纪以来，管道运输行业迅猛发展，至今已有数百万千米的煤、油、气、水、矿石、化学原料运输管道，并且以每年约 4 万千米的速度增长，输送方式由开敞式发展到现在的密闭式。基于非能动梭式控制元件、控制单元，可以为管道输送系统提供新的选择。

6.1　非能动梭式压力管道长距离输送系统

我国是世界管道运输的发源地之一，在 300 多年前的四川自贡，就出现了用竹筒输送天然气和卤水(长达 100 多千米)的工业应用，同时用简便的办法解决了输送过程中瞬变流动的一系列技术问题。然而，在现代管道运输方面，我国近年来才有了新的发展，至今已从 2 万多千米的运输管道发展到数万千米。进入世界贸易组织(world trade organization，WTO)的 21 世纪，我国工业飞跃发展，古老的管道工业需要振兴，需要大力发展，需要注入生机与活力。

我们需要学习世界上最发达、最先进的互联网技术，也需要找到一种最简单、最可靠、最节约、最本质的方法。管道输送中管道及其输送的介质，就是传递流体信息、表达流体变化，传递控制能量的最直接、最真实、最可靠的载体。因此，我们需要对密闭管道输送的梭式非能动控制技术进行研究，它不需要任何附加的能源和昂贵而复杂的控制系统，能够适应恶劣的自然条件，比附加电机、压力油罐、柴油动力、燃气轮机发电的操作系统更简单可靠。

输送流程的全线是一个密闭连续的水力系统，系统中任何一点的压力波动都可以引起系统工况的变化。因此，任何设计都要考虑整体和自动化。密闭输送的最大特点是节能、可靠性高、易于实现自动化，技术上最困难的问题是在密闭连续的条件下解决管道运行中产生的水击现象。我们需要用具体的方法去克服正向水击和反向水击产生的破坏，保证管道运行质量和安全。梭式非能动调节系统与原管道系统水力坡降线的比较见图 6-1。

泵站间发生压力降低时，差流可调梭阀 3 和储能罐 2 能迅速地给管道补充压力，使其恢复正常运行。支路或其他原因引起管道中出现真空时，梭式补气排气阀 5 可以瞬时打开补进大气，以免破坏管道。通过比较水力坡降线，可以得出梭式非能动调节系统有下列功能和特点。

(1)节能。从上站至下站的余压增大，也就是说，该系统可以使现有泵站间距离加大，或者使下一泵站出口输出压力降低，从而降低泵扬程(降低泵功率)，达到节能效果。

(2)防治水击。泵站间发生压力升高时，梭式回流阀 6 泄压可以使该泵的输出压力保持在正常值；当发生液流突变产生水击时，差流可调梭阀 3 和储能罐 2 将会瞬时吸收水击波的最大峰值，保证管道安全，并随时吸收运行过程中由于支流流量变化及其他原因引起的压力波动。

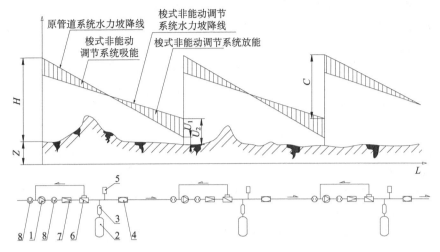

图 6-1　梭式非能动调节系统与原管道系统水力坡降线的比较

1-输送泵；2-储能罐；3-差流可调梭阀；4-梭式爆破保护阀；5-梭式补气排气阀；6-梭式回流阀；7-梭式止回阀；
8-梭式控制球阀；Z-泵站所在高度；L-输送管道长度；H-泵扬程；C-本站扬程与上站余压之差；
U_1-原管道水力坡降线上站余压；U_2-梭式调节水力坡降线上站余压

1. 梭式非能动保护装置

1）梭式回流阀保护装置

近似水平地带梭式回流阀保护装置见图 6-2，AB 管道的流速趋于零，此时，梭式回流阀主阀瞬时关闭，辅助阀打开，流体通过旁通管道(减压)流入 A 泵入口，A 泵仍然继续运行，不会因 B 泵停而产生管道充装。A 泵通过梭式回流阀向泵入口输送液体，所以 A 泵不会产生发热事故和压力增高现象。梭式回流阀可以取代高压，防止停输后 B 泵后面的管段出现超压，实现自动断电保护。回流阀的基本原理参见非能动梭式二通双向控制元件、非能动梭式三通多向控制元件相关内容，详见表 3-1~表 3-4。

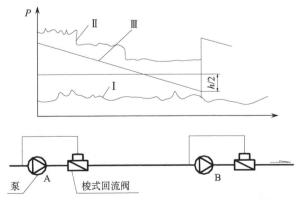

图 6-2　近似水平地带梭式回流阀保护装置

图 6-2 中，Ⅰ线为平坦的管道总断图，Ⅱ线为允许内部超压的压头曲线，Ⅲ线为稳态流动水力坡降线。若管道流动停止，则 A 泵后的梭式回流阀主阀关闭，旁通开启，AB 管道中的压力是平衡的，产生压头的近似平均值 $h/2$，此值显然小于超压曲线允许值。A 泵仍然继续运行，由于梭式回流辅助阀打开，流体减压进入 A 泵入口，AB 管道的压力不会升高。新系统可兼容于 SCADA 等现有测控技术系统，可实时在线测控制核心元件的启闭状态等动态过程，实现非能动、现场手动、自控电驱等。

2）差流可调压力保护装置

目前世界上解决管道水击的办法有以下几种。

（1）自动泄压阀把压力油泄入泄压罐。在 20 世纪，著名的管道中间各站均设有数千立方米的卸压罐。

（2）采用压力波抵消法，当 A 泵发生正向水击时，通过计算机的迅速计算和调节使 B 泵产生反向水击波与之抵消。

（3）在每站出口处采用自动化程度很高的调节阀，调节瞬变流动的压力脉动，防止进站压力低而出站压力高，如图 6-3 所示。

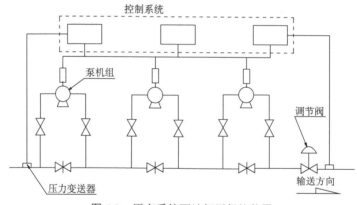

图 6-3　原有系统泵站超压保护装置

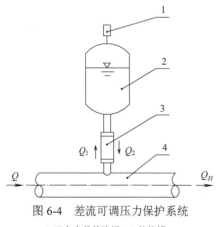

图 6-4　差流可调压力保护系统

1-双向交替差流阀；2-储能罐；
3-差流可调梭阀；4-主管道

（4）采用复杂而昂贵的变频调速系统。

差流可调压力保护装置比上述四种方法更简单，成本低，可靠性和调节精度高，并可以实现非能动自动调节，可以完全代替现有压力调节系统和保护系统。差流可调压力保护系统见图 6-4，图中 Q_1 为流出储能罐流量，Q_2 为流入储能罐流量，Q_H 为额定流量，Q 为总流量。

此系统主要是利用差流可调梭的双向调节功能，差流可调梭阀利用流体在阀内流动产生差压的原理，推动梭形阀芯前后运动，变换流量的大小，来调节压力传递的大小，在储能罐与主管道之间产生一个可以无级调节的压力梯度，调节流量和压力。由于差流可调梭阀串接在储能罐和主管道之间，进入储能罐的流量和流出的流量可以不等，即 $Q_1 \neq Q_2$，流入和流出的流量可以是无级的差值，相当于在主管道和储能罐间串接了一个双向无级调节的阻抗，当发生水击时，可吸收管段超压，完全吸收管道中超压部分的压力波。差流可调梭阀的基本原理参见非能动梭式二通双向控制元件，详见表 3-1。

储能罐是个圆柱形罐状容器，内设多孔板，罐内储存 1/3 空气和 2/3 的液体，大部分危险的压力波进入罐中被衰减。如果压力波压力超过储能罐的安全值，罐顶部设有的双向交替差流阀会自动泄放出空气，达到安全值后再自动关闭。

当 AB 管道中产生超低压时，储能罐的气体膨胀，自动向 AB 管补压，直到管压平衡为止。当储能罐的压力低于设定值时，双向交替差流阀自动开启气源向罐中补气，保持容器中充满 1/3 的气体。上述两种阀门和储能罐联合使用，形成差流来调节压力的保护系统，对长输管道压力进行自动控制和调节，优于传统的控制与调节，其不需要电源和铺设通信网络，投资少，可靠性高。当需要与 VSAT、SCADA 系统连接时，也可设置信号采集和传送装置。

差流可调压力保护装置比传统调压系统要简单很多，调压的功能很相似，但本装置设有储能罐吸收高速压力波，而储能罐的体积仅为 2~5m³。差流可调压力保护特性曲线见图 6-5。

在 AB 管道与储能罐间串接差流可调梭阀，图 6-5 中Ⅱ为允许内部超压的压头曲线，Ⅰ为山区地带稳态流动的测压线。超压液体流量被引进储能罐，测压线显然小于由Ⅱ确定的允许值。应充分发挥管道的设计能力，需要尽量做到只削峰，减小储能罐体积。

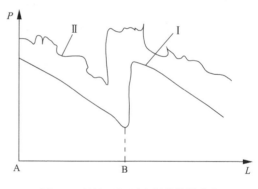

图 6-5　差流可调压力保护特性曲线

3）梭式爆破保护装置

国外最早的输送管道破裂保护系统为企业资源管理(enterprise resource management，ERM)系统，管道安装传感器(涡轮流量计)用来测量和传送正比于实际泵输量的信号，通过计算机连续计算并绘制流量差示意曲线，达到预定值确定为大泄漏，指挥电动阀来切断泄漏管段，该系统的测量误差大，反应慢，可靠性差，投资高。20 世纪 90 年代，SCADA 得到广泛应用，可与 VSAT 相连。它是当今最先进的系统，已成为自控系统基本模式，但价格十分昂贵。虽然监测、通信、采集、计算、控制的精准度高，但是执行操作紧急切断阀，必须附加动力源。因此，在恶劣的自然环境中，如遇到储能罐失压、燃油动力故障、电能中断等，它难以保证执行控制命令的可靠性。在水下、沙漠、雪地等环境中，附加动力源往往难以实施，所以现有的过流保护和紧急切断阀难于实现可靠的保护。

梭式爆破保护阀的反应速度快，当发生泄漏时，可以利用流体本身动力瞬时自动关闭输送管道。该装置主控件的梭芯沿管道轴心线设在管道内部，能适应管道经受的任何自然环境。梭式爆破保护阀与差流可调梭阀相同，当输送管道发生破裂时，液体从破裂处流出，从而使总流量相对增加，当达到整定流量时，阀芯就会失去平衡，被液体推动，阀门翻转为关闭状态，从而终止外泄，使事故损失降到最低。梭式爆破保护阀关闭的同时发出信号，指出管道爆破区，为防止紧急切断引起新的水击，装置采取水击消除措施，调整关闭速度，关闭时间调整区间为 2~8s。当爆破管道维修好后，梭式爆破保护阀会自动开启。管道需要通清管器时，阀自动提升，为通清管器打开通道，待清管器通过后，阀门会自动恢复至工作位置。

2. 基本控制元件

1）梭式排气补气阀

梭式排气补气阀设置在 AB 管道末端或特殊工作状况位置。当首次输送和间断输送注入液体时，梭式排气阀自动打开，排除管内空气，管内空气从排气孔自动排出，当液体注满管道时，可以利用液体的浮力将阀内的浮球升起，关闭阀门的排气出口，排气完成。

当输送管道的液体流空时，需要向管道补气。排液时，排气补气阀的补气口自动打开，向管道内补气，使管内液体很快排出管道。当管道产生负压时，梭式排气补气阀自动打开，向管道补充大气压力，防止管道被压破。

2）梭式控制球阀

在无法建立最简单的通信联络和无法提供操作动力源及控制电源的条件下，梭式控制球阀、梭式控制闸阀、梭式控制蝶阀能可靠地执行管道的启闭操作，进行过流保护和紧急切断，而且自动流畅地通过清管器。梭式控制球阀是全线自动控制的重要基础元件，其阀芯、阀体部分没有大的改变，因此流道、流阻等特性没有改变。由于控制部分的小型集成化和自动化程度得到提高，开启和关闭速度的调整更加简单、可靠，防治水击的效果也会更好。根据管道建设的需要，梭式控制球阀大致可分为三种类型，先后在工程中实施，如表 6-1 所示。

表 6-1　梭式控制球阀的分类情况

型号	类型	技术特征	备注
ZSKQF-Ⅰ	完全非能动式	无通信、控制、动力能源，不能与 SCADA 系统结合	可通清管器
ZSKQF-Ⅱ	半自动式	无动力能源，可以与 SCADA 系统结合	可通清管器
ZSKQF-Ⅲ	手动操作式	无通信、控制动力能源，不能与 SCADA 系统结合	可通清管器

梭式控制技术强调非能动控制，为不同的自然条件、不同的介质要求、不同的安全级别和可靠性的要求，提供了有效、节能、经济、可靠性高的流体自动化控制体系。这个技术不具排他性，可以根据输送系统的要求，与其他控制体系结合形成有效的体系。非能动梭式控制系统及其新型的控制元件、控制单元特别适用于密闭管道的远距离输送。

3. 管道运输过程保护状态

管道运输过程中，会存在以下三种形式的保护状态：翻越点后的液流保护、大落差管段的液流保护、特殊环境状况的保护。

1) 翻越点后的液流保护

当管道输送接近末端的某点时，由于地形起伏和水力坡降的变化，会出现翻越点。流体从峰点可自流到终点，剩余能量使液流速度突然变化，将会发生不满流，增大了水击压力，常采用变径、减压节流、设置副管等方式来消耗。但是由于差流可调压力保护装置设置在翻越点的下游，可以在压力降低时迅速补充能量，在压力上升时吸收能量，可以有效防止水击造成的破坏。翻越点后的液流保护如图 6-6 所示。

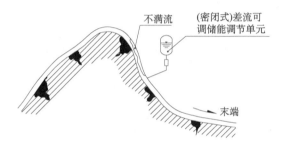

图 6-6　翻越点后的液流保护

2) 大落差管道的液流保护

当液体输送至山谷谷底或末端时，往往多种原因综合导致流体速度产生变化，突然减速会使其产生正水击，压力升高；突然的加速使其产生负水击，压力降低。无论是正水击还是负水击，均会对管道造成损害，因此大落差管道的下游末端处应装设差流可调压力保护装置，实现对正负水击液流状态的补偿，如图 6-7 所示，需反输的管道不宜采用单向阀。

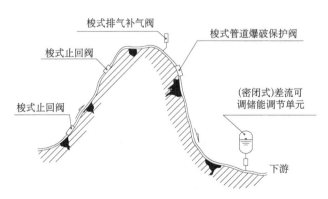

图 6-7　大落差管道的液流保护

3) 特殊环境状况的保护

在地势起伏剧烈区、地震高烈度区、活动断层区及通过沙漠、河流、浅海等对安全要求严格的地区，必须按规程规定的距离设立管道爆破保护装置。梭式管道爆破保护装置系非能动系统，可以完全自力控制，也可与 SCADA 系统匹配，实现自动控制，同时具备有通清管器的功能。若有特殊的工况要求，还可以设置双向爆破保护装置，无论在装置的上游还是下游发生爆破都可以实现自力式的关闭，实施管道保护。

4. 非能动梭式控制管道爆破保护系统

非能动梭式控制管道爆破保护系统分直动式、通球式、自力通球式、完全非能动等形式。第一代非能动中小直径管道梭式管道爆破保护装置为全封闭结构，DN 为 50～200mm，在我国渤海浅海输油管道、胜利油田、克拉玛依油田防窃油管道中运行多年。第二代产品为完全非能动装置，大口径、大流量、可通球，适用于高压、大口径输送保护，由于 DN>1000mm，缺乏必要的试验手段，尚未完成真机试验。

6.2　非能动梭式工作缸双向精密控制系统

以梭式二通双向控制元件、梭式三通多向控制元件、梭式四通多向控制元件为基础的非能动梭式控制技术可构成新的压力管道非能动控制回路。其中，梭式二通双向控制元件用于工作缸系统，可实现双向无级精密控制，提高控制精度，简化系统带来新的控制回路，也为机床、压力机械、工程机械带来了新的控制技术选择。20 世纪 80 年代，曾祥炜在国外任职液压与自动化工程师时，对废旧的液压缸进行了非能动双向调节试验，初步验证了非能动梭式的双向调节功能。

非能动梭式控制缸的调整系统是针对工作缸控制的新型系统，结构简单可靠，具有双向调节功能，是现有技术无法做到的。1 只梭式双向节流阀替代 6 只阀组成的桥式整流，可以实现双向调节，使系统简化，提高调节精度和工作缸柱塞的移动精度，能在柱塞往返行程中的任意点停止，为工程机械、磨床、大型机床速度控制提供了全新的元件和系统。曾祥炜率先在国际上推出具双向调节功能的非能动梭式结构智能元件，派生出了多种新型阀元件和新系统，广泛用于多个工业领域。新系统可兼容于 SCADA 等现有测控技术系统，可实时在线测控核心元件的启闭等动态过程，实现非能动、现地手动、自控电驱等多重控制。

1. 非能动梭式双向节流阀调速系统

非能动梭式双向控制元件双向节流可产生的正、反向不等流功能，大幅度简化了现有系统，为机床、压力机械、工程机械提供了新的控制系统。非能动梭式双向节流阀调速系统原理及其与现有技术调速系统的比较如图 6-8 所示，关于非能动梭式二通双向节流阀的基本模型和相应的流体状态，可参见表 3-1。

2. 非能动梭式双向精密调节液压(气动)控制演示装置

非能动梭式双向精密调节液压(气动)控制演示装置曾于 2012 年在德国杜塞尔多夫世界阀门大会成功演示，得到了许多专家和厂家的高度评价，这也是研究机构、设计部门、高校、工厂掌握和运用非能动梭式双向精密调节的重要演示装置，如图 6-9 所示。

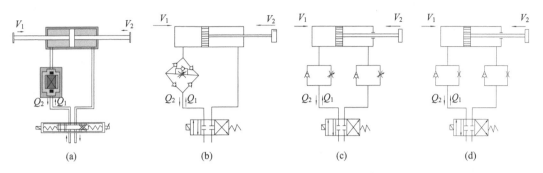

图 6-8　非能动梭式双向节流阀调速系统原理及其与现有技术调速系统的比较

图 6-9　非能动梭式双向精密调节液压（气动）控制演示装置

6.3　非能动梭式变压吸附系统

由梭式二通双向控制元件、梭式三通多向控制元件、梭式四通多向控制元件与双罐构成的非能动梭式结构智能化控制系统，可以替代多个电磁阀控制的变压吸附系统，实现双罐完全非能动自动交替工作，从而简化系统、降低成本。该系统环保节能，适用于有毒有害、易燃易爆等特殊介质，靠系统自身能量控制。同样，新系统可兼容于 SCADA 等现有测控技术系统，可以实时在线测控核心元件的启闭等动态过程，实现非能动、现场手动、自控电驱等多重保护。

变压吸附装置是许多工业系统核心的控制装置，现有系统有 7 个阀门，多个电磁阀的启闭组合实现不同的功能，能耗高、可靠性低。非控制梭式变压吸附系统具有自诊断、自监控、自适应等特征，具有变压、干燥、吸收、混合等功能，在发生爆破、泄漏时系统能自动关闭，可应用于复杂的石油、天然气、化工、自动化等领域。

根据梭式三通多向控制元件、梭式四通多向控制元件的基本原理和功能，提出了两种新型非能动梭式变压吸附系统。与现有的变压吸附系统相比，两种新型非能动梭式变压吸附系统具有部件少、安全性高、可靠性高、自动化程度高等优点。方案一中，系统由 1 个梭式三通分流调节阀、1 个梭式止回阀、1 个梭式四通换向阀组成；方案二

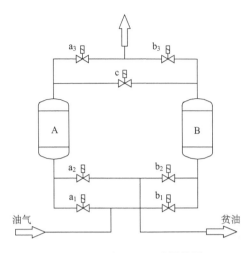

图 6-10　现有变压吸附系统的原理

中，系统由 1 个梭式三通分流调节阀、1 个梭式止回阀、2 个梭式三通换向阀组成，现分别说明于下。

1. 现有变压吸附系统

现有变压吸附系统的原理如图 6-10 所示，其动作清单列于表 6-2 中。

2. 新型非能动梭式变压吸附系统

两种新型非能动梭式变压吸附系统的核心元件包括梭式二通双向控制元件、梭式三通多向控制元件和梭式四通多向控制元件等，其工作原理及功能详见第 4 章，变压吸附系统中用到了其中部分功能的组合。首先，从变压吸附系统的功能要求出发，梳理出对这两种方案中对控制元件的操纵要求，如表 6-3 和表 6-4 所示。

表 6-2　现有变压吸附系统的动作清单

| 阀名 | 口径/mm | 停车 | 阶段 1 | 阶段 2 | 阶段 3 | 阶段 4 |
			15min	10s	15min	10s
a_1	DN200	×	√	√	×	×
a_2	DN200	×	×	×	√	√
a_3	DN150	×	√	√	×	×
b_1	DN200	×	×	×	√	√
b_2	DN200	×	√	√	×	×
b_3	DN150	×	×	×	√	√
c	DN50	√	×	√	×	√

注：√表示打开，×表示关闭。

表 6-3　方案一的控制元件操纵要求

阀名	关闭	阶段 1	阶段 2	阶段 3	阶段 4
梭式四通换向阀	全部停止	h_1-h_2，h_4-h_3 其他断	h_1-h_2，h_4-h_3 其他断	h_1-h_4，h_2-h_3 其他断	h_1-h_4，h_2-h_3 其他断
梭式三通分流调节阀	t_1-t_2 其他断	t_1-t_3 其他断	t_1-t_3 t_1-t_2	t_2-t_3 其他断	t_2-t_3 t_2-t_1

注：t_1-t_2 表示接点 t_1 和 t_2 联通，余同；各阶段作用时间由工艺决定。

表 6-4　方案二的控制元件操纵要求

阀名	关闭	阶段 1	阶段 2	阶段 3	阶段 4
梭式三通换向阀 1	停止	h_1-h_2 其他断	h_1-h_2 其他断	h_1-h_3 其他断	h_1-h_3 其他断

续表

阀名	关闭	阶段 1	阶段 2	阶段 3	阶段 4
梭式三通换向阀 2	停止	h_5-h_6 其他断	h_5-h_6 其他断	h_4-h_6 其他断	h_4-h_6 其他断
梭式三通分流调节阀	t_1-t_2 其他停止	t_1-t_3 其他断	t_1-t_3 t_1-t_2	t_2-t_3 其他断	t_2-t_3 t_2-t_1

下面分别介绍两种新型非能动梭式变压吸附系统的组成原理图与动作清单。

1)方案一的组成原理图和动作清单

在方案一中,系统入口采用 1 台梭式四通换向阀,系统出口采用 1 台带止回的梭式三通分流调节阀,其方案原理和各阶段阀的位置如图 6-11～图 6-13 所示,对应的动作清单如表 6-5 所示。

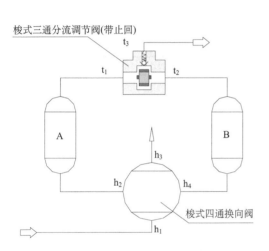

图 6-11　方案一的组成原理图

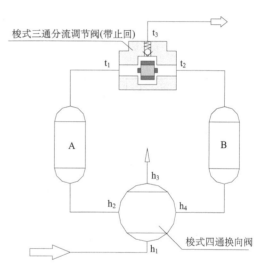

图 6-12　方案一的停车阶段

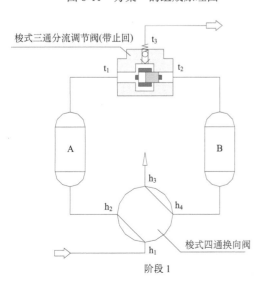

阶段 1

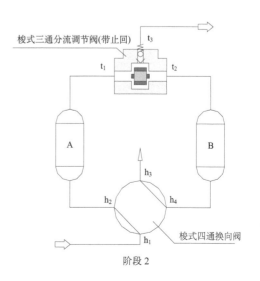

阶段 2

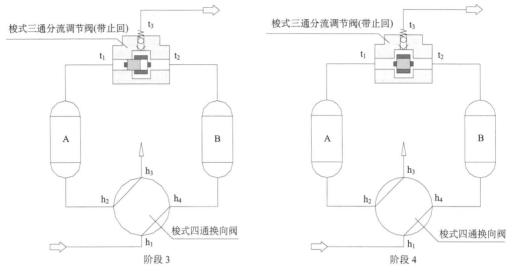

图 6-13　方案一的 4 个阶段

表 6-5　方案一的动作清单

阀名	停车阶段	阶段 1(15min)	阶段 2(10s)	阶段 3(15min)	阶段 4(10s)
梭式四通换向阀	全部断	h_1-h_2、h_4-h_3 其他断	h_1-h_2、h_4-h_3 其他断	h_1-h_4、h_2-h_3 其他断	h_1-h_4、h_2-h_3 其他断
梭式三通分流调节阀	t_1-t_2 其他断	t_1-t_3 其他断	t_1-t_3 t_1-t_2	t_2-t_3 其他断	t_2-t_3 t_2-t_1

2)方案二的组成原理与动作清单

在方案二中，系统入口采用 2 台梭式三通换向阀并联，出口采用 1 台带有止回功能的梭式三通分流调节阀，其组成原理如图 6-14 所示，对应的动作清单见表 6-6。

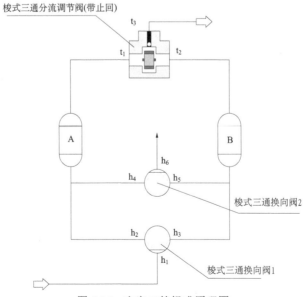

图 6-14　方案二的组成原理图

表 6-6　方案二的动作清单

阀名	停车阶段	阶段 1(15min)	阶段 2(10s)	阶段 3(15min)	阶段 4(10s)
梭式三通换向阀 1	全断	h_1-h_2 其他断	h_1-h_2 其他断	h_1-h_3 其他断	h_1-h_3 其他断
梭式三通换向阀 2	全断	h_5-h_6 其他断	h_5-h_6 其他断	h_4-h_6 其他断	h_4-h_6 其他断
梭式三通分流调节阀	t_1-t_2 其他断	t_1-t_3 其他断	t_1-t_3 t_1-t_2	t_2-t_3 其他断	t_2-t_3 t_2-t_1

3. 方案一的结构状态与流程分析

新型非能动梭式变压吸附系统方案一的结构状态与流场状态分析如下。

1) 双罐压力对称平衡阶段的阀位置

如图 6-15 所示,此时的特点如下。

(1) 梭芯居中,两调节块向中心线靠拢,双罐压力对称平衡。

(2) 压力源 h_1 与 h_2、h_4 断开。

(3) 接大气排出口 h_3 与 h_2、h_4 断开。

(4) 双罐与压力源 h_1、接大气排出口 h_3 隔断,经 t_1、t_2、t_3 口实现双罐压力对称平衡。

(5) 调节限位块可实现手动或电、气、液实时在线驱动。

(6) 梭芯的运动位移以压差驱动为主。

(7) 梭式四通换向阀靠气、电、液实时在线驱动。

2) 罐 A 工作、罐 B 接大气时阀的位置

如图 6-16 所示,此时的特点如下。

(1) 右侧调节块移至右端极限位置,梭芯移至右端极限位置,封闭罐 B 的 t_2 口。

(2) 压力源 h_1 与 h_2 接通,经罐 A 后,由 t_1 口接通供用户口 t_3。

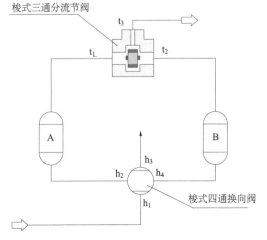

图 6-15　双罐压力对称平衡阶段的阀位置

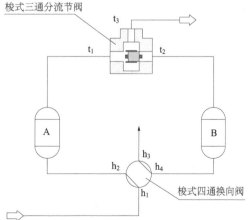

图 6-16　罐 A 工作、罐 B 接大气时的阀位置

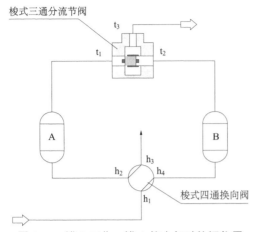

图 6-17　罐 B 工作、罐 A 接大气时的阀位置

(3)供用户口 t_3 与 t_2 断开。

(4)罐 B 接大气排出口 h_3,实现罐 A 工作、罐 B 接大气。

(5)为防止梭芯振动,左侧调节块向右移动至靠拢梭芯。

3)罐 B 工作、罐 A 接大气时的阀位置

如图 6-17 所示,此时的特点如下。

(1)左侧调节块移至左端极限位置,梭芯移至左端极限位置,封闭 A 罐 t_1 口。

(2)压力源 h_1 与 h_4 接通,经 B 罐后,由 t_2 口接通供用户口 t_3。

(3)供用户口 t_3 与 t_1 断开。

(4)罐 A 接大气排出口 h_3,实现罐 B 工作、罐 A 接大气。

(5)为防止梭芯振动,右侧调节块向左移动,靠拢梭芯。

4)罐 A 工作,同时分流至罐 B 反吹至接大气时的阀位置

如图 6-18 所示,此时的特点如下。

(1)右侧块调节向左移至 t_2 可分流至罐 B 的合适位置,梭芯移至偏右的合适位置(位置可调)。

(2)压力源 h_1 与 h_2 接通,经罐 A 后,由 t_1 口接通供用户口 t_3。

(3)接通供用户口 t_3 同时分流给 t_2(分流量可调)。

(4)罐 B 经 h_4 接通大气排出口 h_3;实现罐 A 工作、同时分流给罐 B 反吹接大气。

(5)为防止梭芯振动,左侧调节块向右移动,靠拢梭芯。

5)罐 B 工作、同时分流至罐 A 反吹至接大气时的阀位置

如图 6-19 所示,此时的特点如下。

(1)左侧调节块向右移至 t_1 可分流至罐 A 的合适位置,梭芯移至偏左的合适位置(位置可调)。

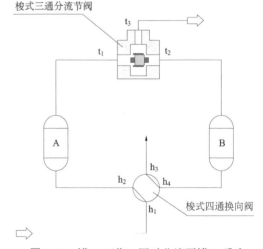

图 6-18　罐 A 工作,同时分流至罐 B 反吹至接大气时的阀位置

(2)压力源 h_1 与 h_4 接通,经罐 B 工作后,由 t_2 口接通供用户口 t_3。

(3)接通供用户口 t_3 同时分流给 t_1(分流量可调)。

(4)罐 A 经 h_2 接通大气排出口 h_3,实现罐 B 工作,同时分流至罐 A 反吹至接大气。

(5)为防止梭芯振动,右侧调节块向左移动,靠拢梭芯。

6)罐 A 工作、定比分流至罐 B 反吹至接大气时的阀位置

如图 6-20 所示,此时的特点如下。

（1）两侧调节块向中心线靠拢梭芯，梭芯居中。

（2）压力源 h_1 与 h_2 接通，经罐 A 后，由 t_1 口接通供用户口 t_3。

（3）接通供用户口 t_3 同时分流给 t_2，分流量为定值。

（4）罐 B 经 h_4 接通大气排出口 h_3；实现罐 A 工作、同时定比分流至罐 B 反吹至接大气。

7）罐 B 工作、定比分流至罐 A 反吹至接大气时的阀位置

如图 6-21 所示，此时的特点如下。

（1）两调节块向中心线靠拢梭芯，梭芯居中。

（2）压力源 h_1 与 h_4 接通，经罐 B 后，由 t_2 口接通供用户口 t_3。

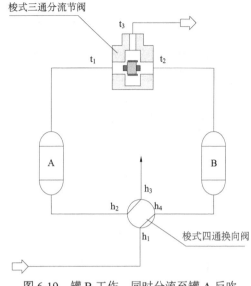

图 6-19　罐 B 工作、同时分流至罐 A 反吹
至接大气时的阀位置

（3）接通供用户口 t_3 同时分流给 t_2，分流量为定值。

（4）罐 A 经 h_2 接通大气排出口 h_3；实现罐 B 工作、同时定比分流至罐 A 反吹至接大气。

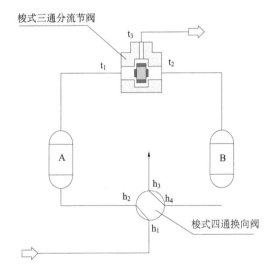

图 6-20　罐 A 工作、定比分流至罐 B 反吹
至接大气时的阀位置

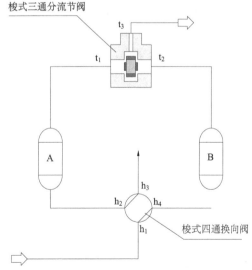

图 6-21　罐 B 工作、定比分流至罐 A 反吹
至接大气时的阀位置

4. 非能动梭式变压吸附系统的技术条件

非能动梭式变压吸附系统是有关变压吸附控制的一项新技术，是基于曾祥炜研究员的梭式控制系列成果而形成的技术。该技术不仅有利于简化系统，产生新的回路，而且能有效提高精度和安全可靠性，可广泛应用于化工、石油、天然气、机械、冶金、环保等工业系统，其特点如下：适用介质为油、气、水和其他液态、气态特殊介质；PN 为 0.1～50MPa；DN 为 10～1200mm；适用温度为-17～200℃；使用材料为与工况要求一致的碳钢、不锈钢、耐热钢、特种合金钢及相关无机非金属材料；气液驱动为外设气、液动力源；电驱动为电磁铁、伺服马达、步进电机；非能动是指依靠工作介质自身的压力变化改变状态。

5. 非能动梭式变压吸附系统的技术特性

采用非能动梭式控制技术，将减少管道阀门用量，同时大幅度地减少电磁阀驱动，减少高级别防爆、安全、绝缘要求的电气设备及相应的电控仪表、电缆用量。新型非能动梭式变压吸附系统体积小、重量轻、更加安全可靠，且整体成本将大幅度下降，为危险化学品的变压吸附、撬装变压吸附装置带来了新的选择。

6.4　非能动梭式电站主管道调压保护系统

如今，水电站调压室十分常用，中外各国大量采用，以平衡压力管道中水流的压力波动，特别是当水电站的负荷发生变化，水轮机调速系统操纵水轮机导叶运动改变水流量时，它能减小乃至消除因流量变化引发的水击，从而降低压力管道造价，改善机组运行条件，提高机组效率。

当前使用最广泛的仍是第一代调压室，它是一种开敞式调压室，也称为调压井或调压塔，呈水井式结构，在基岩中凿掘建造，或在地面建造成开敞式砖石钢筋混凝土建筑，其顶部与大气直通，底部与压力管直通，或以小管孔与压力管连通。

20 世纪 70 年代，开始采用第二代调压室，它是一种气垫式调压室，为水气共存的封闭式结构，在基岩中凿掘建成砖石钢筋混凝土建筑。将开敞式调压室顶部封闭，使之与大气隔绝，即构成气垫式调压室。近年来，世界上已成功地修建了数百座气垫式调压室，对应的电站容量从数万千瓦到数百万千瓦，调压室容量从数十立方米到数万立方米。

但无论是第一代开敞式调压室，还是第二代气垫式调压室，都属于地下调压室，本身不可调节。这种不可调节性使调压室的容腔极为庞大，由此带来的一系列难题至今未能解决。

1987 年，在加拿大蒙特利尔世界博览会上，曾祥炜基于对梭式恒压供水系统的研究，首次提出了用地面储能罐配以差流可调梭阀(非能动梭式双向节流阀)构成差流可调梭式调压器的方案。当时没能引起人们的关注和重视，1996 年，将梭式恒压供水系统的调压方式应用于水电站调压室，构建了新型的调压室结构方案，可大大减少工程量，实现水电站压力管道的可靠调节。此方案趋于完善，用供水系统取代调压室，实现了可靠的压力调节，并走向应用，由此建立了第三代调压室理论和结构构想方案。

梭式恒压供水系统指在压力供水系统中的水罐与供水总管间的分支管上装入差流可调梭阀，在单通道管道中对正向流量 Q 和反向流量 Q' 进行调整。在供水系统运行中，可以根据水泵供水量和用户用水量的变化，调整 Q 和 Q'，使供水压力趋于恒定。差流可调梭阀的配入，不仅使水罐真正成为吸收和释放水体及其能量的储能罐，更重要的是使之成为可控式储能罐，通过控制储能罐的吸收和释放水体能量的时间和流量，从而大幅度地提高了储能罐的能力，也就大幅度地缩小了储能罐的容积。

水电站压力管差流可调梭式调压器在气垫式调压室的基础上，采用置于地面上的，容腔中呈水气两相共存的小容量储能罐，取代其封闭结构的容腔，并在储能罐水相部与压力管的连通管中串装差流可调梭阀，在储能罐的气相部配装与大气连通的差流可调梭阀。差流可调梭阀的正反向流调节件可采用随机调节，也可以采用手动调节。最好采用自动跟踪系统，根据水轮机组导叶的开度、压力管上下游压力的变化、储能罐容腔压力的变化，用计算机自动控制进行调节。新型调压室的特点如下。

(1) 差流可调梭式调压器具有可控性，使储能罐的容量大幅度减小，而调节范围拓宽。

(2) 所配置的差流可调梭阀具有双向无级调节特性，使储能罐与压力管道之间形成一个双向无级差值调节的阻抗，提高了水轮机的调节精度和可靠性。

(3) 可用薄壁、高强度、小容量的金属或非金属储能罐，取代在基岩中掘筑的大容量调压室，节约 80%左右建设资金。

(4) 可实现地下调压室容腔外移。地面式小容量储能罐布置安装简便，更接近水轮机组，可有效地发挥调节作用。小容量储能罐便于工业化标准设计，规范生产，易于标准化、国际化。

(5) 储能罐容量小，密封可靠，便于设置梭式爆破保护装置，且无须外加空气补给设备，利用电站的压缩空气系统即可进行补充。

至今，我国已建成多座开敞式调压井，其调压井直径和深度均达数十米以上。建设调压井需挖竖井、斜井，需进行山坡明挖，修筑上山公路，不仅耗资巨大，而且会破坏生态环境。

我国已查明的水能资源蕴藏量为数亿千瓦，相应的年发电量为数万亿千瓦。若推广新型可控式调压室，节省的资金、人力、财力将是相当大的。因此，我国电站建设部门越过了气垫式调压室的工程试验，将一定的人力、物力投入新型可控式调压室——差流可调梭式调压器的研究、试制和试运行。

新型可控式调压室还可以通过相关专业的特殊要求进行改进，用于油、水、气和其他有毒有害、易燃易爆介质及危险化学品等的储运，从而简化系统降低成本、环保节能，实现靠系统自身能量进行控制，同时还可兼容于 SCADA 等现有测控技术系统，能实时在线测控核心元件的启闭等动态过程，实现非能动、现地手动、自控电驱等多重保护。

6.5　非能动梭式液压气动控制回路

本节以梭式二通双向控制元件、梭式三通多向控制元件、梭式四通多向控制元件为基础，阐述非能动梭式控制技术在流体控制中的应用，形成新型控制回路，实现了控制系统的简化和控制精度的提高，这些新的回路对机床、压力机械、工程机械带来了新的选择。

1. 调速回路

通常，对双作用缸采用进油控制、出油控制、孔板控制、桥式整流控制等方式来控制速度，由多个较复杂的元件构成。近些年，为减少泄漏点，消除因管道、管接头等引起的泄漏、振动噪声和管道损失，降低能耗，提高可靠性，开发出了集成化的叠加式双/单向节流阀调速回路，其中梭式双向节流阀具有双向节流动功能，在简化回路的同时还提高了精确度，这种新型回路与现有技术的区别如下。

1）速度控制回路原理

目前的调速回路（图6-22～图6-23）与基于非能动控制技术的调速回路（图6-24）的原理对比如后，梭式控制调速回路使回路结构简化、性能更加可靠。

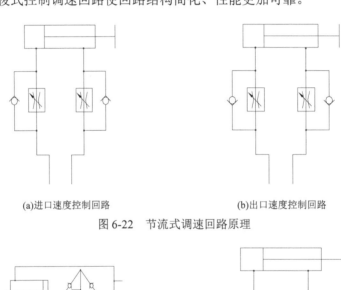

(a)进口速度控制回路　　　　　　　　　　　(b)出口速度控制回路

图 6-22　节流式调速回路原理

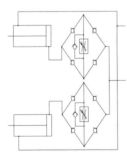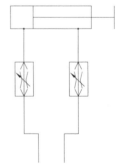

图 6-23　桥式整流速度控制回路　　　　图 6-24　梭式控制调速回路

2）叠加式单向节流阀

叠加式单向节流阀调速回路与图6-22所示的节流式调速回路原理相同，它创造性地将4个元件集成为一体并采用叠加式连接方式，无管连接，结构简化，具有消除管道、接头等引起的泄漏、振动噪声和管道损失等功能。叠加式单向节流阀引领了液压元件发展方向，在液压系统中得到了广泛应用。

目前，叠加式单向节流阀是性能最优的节流阀，是由德国、美国、日本等国研发出的新一代节流阀，其基本结构如图 6-25 所示。它由 4 个功能独立的元件构成独立的双向调节，在能量损失、降低能耗、简化系统等方面有很大的改善空间。

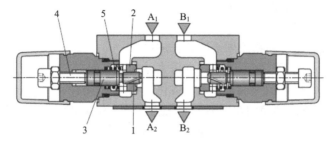

图 6-25　叠加式单向节流阀的基本结构
1-节流口；2-阀座(单向阀)；3-节流阀芯；4-调节螺钉；5-弹簧

如图 6-25 所示，叠加式单向节流阀把两个单向节流阀制成一体，采用了叠加式连接结构。每个单向节流阀包含单向和节流两个元件，共有 4 个元件，是一种典型的集成阀，其基本图形符号如图 6-26 所示，由它构成的调速回路如图 6-27 所示。

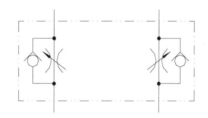

图 6-26　叠加式单向节流阀的基本图形符号

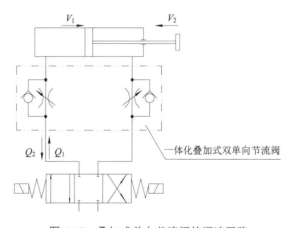

图 6-27　叠加式单向节流阀的调速回路

3) 现有技术速度控制回路的特点

如图 6-23 所示，桥式整流速度控制回路由 5 个单向阀与 1 个节流阀组成，它是一种双向节流调速回路，液压缸活塞向右时为进油节流调速，向左时为出油节流调速。5 个单向阀组成桥路，保证通过节流阀的液流方向始终不变。

　　如图 6-22 所示，节流式速度控制回路需要由 2 个单向阀与 2 个节流阀组成，它也是一种双向节流调速回路，这种调速回路能够通过 2 个节流阀对液压缸的左、右行程分别进行独立的、互不干扰的调速控制，可以根据不同的要求分别调节相应的节流阀，实现对左右行程速度的调节。

　　4) 梭式双向节流速度回路的创造性和先进性

　　梭式双向节流调速回路利用流体自身压力差实现双向控制，整个回路仅有 1 个阀，此阀可做成单体式，也可适应现有技术集成化，已形成国际标准的叠加块连接方式。如图 6-23 所示，桥式整流调速回路需要 6 个独立的阀，图 6-22 所示的节流式调速回路需要 4 个独立的阀，而梭式双向节流调速回路使回路变得更简单。液压系统中元件的集成度越高，能耗越低，泄漏概率越小，占用空间越小。它的成本低，可靠性高，性能好。

　　梭式双向节流阀的双向交替节流功能使得其在只有一个阀芯元件的情况下能够实现梭式双向节流阀的双向变换节流功能参见表 3.1。采用梭式双向节流阀的基本原理，按照叠加式连接的国内和国际标准和结构要求，研究、设计、制造出一种全新的节流阀——梭式叠加双向节流阀和梭式控制管道式双向节流阀，能耗更低，系统更加简化、成本更低。梭式叠加双向节流阀构成的调速回路示意图如图 6-28 所示。

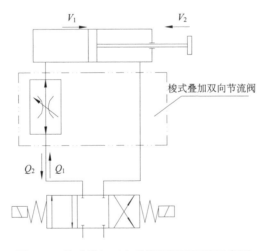

图 6-28　梭式叠加双向节流阀调速回路示意图

　　梭式叠加双向节流阀调速回路只需 1 个阀，1 个功能元件。由于双向节流阀具备双向交替节流特性，即 $Q_1=(0\sim100\%)Q_h$，$Q_2=(0\sim100\%)Q_h$，$Q_1\neq Q_2$，可使 $V_1\neq V_2$ 或 $V_1=V_2$，从而实现双向节流调速，并且 V_1 和 V_2 的调节是各自独立的、互不干扰的，可以为定比差量双向无级调节或随机差量双向无级调节。

　　梭式叠加双向节流阀如图 6-29 所示，由阀体、阀芯、阀盖、4 个通道和左右调节装置等组成，整体造型美观大方，成本低、实用。该装置实现了双向交替节流功能，可解决泄漏问题，体现叠加阀的优点，经各项试验和主机系统实际应用检验证明，其完全达到了对各项指标的功能和技术要求。

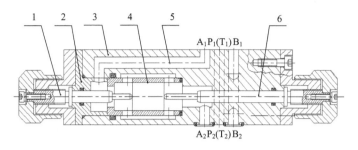

图 6-29　梭式叠加双向节流阀

1-左调节装置；2-阀盖；3-阀体；4-阀芯；5-通道；6-右调节装置

　　梭式控制管道式双向节流阀的结构原理如图 6-30 所示，梭式双向节流调速回路与现有技术调速回路的对比见表 6-7。梭式控制并联旁路控制、差动回路与现有技术的对比见图 6-31 和图 6-32。梭式控制油缸串、并联控制回路与现有技术的对比如图 6-33 和图 6-34 所示。梭式控制并联同步回路（进出油）与现有技术的对比如图 6-35 所示。

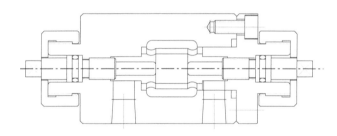

图 6-30　梭式控制管道式双向节流阀的结构原理

表 6-7　梭式双向节流调速回路与现有技术调速回路的对比

对比项目	桥式调速回路	节流式调速回路	集成叠加式单向节流阀调速回路	梭式控制管道式双向节流阀调速回路	梭式叠加双向节流阀调速回路
阀数量	6 个	4 个	4 个集成	1 个	1 个
调节功能	等量双向无级调节	左右独立进出选定无级调节	左右独立进出选定无级调节	定比差流双向无级、随机差流双向无级	定比差流双向无级、随机差流双向无级
节能性	不良	良	优	最优	最优
防漏降噪性	不良	良	优	最优	最优
成本	100%	60%	30%	10%	15%
可靠性	不良	良	优	最优	最优
性价比	不良	良	优	最优	最优
重量比	100%	60%	30%	10%	20%
环境影响	不良	良	优	最优	最优

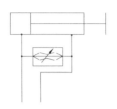 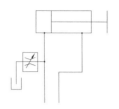

(a)梭式控制并联旁路控制回路　　　　　　　(b)旁路节流控制回路图(现有技术)

图 6-31　梭式控制并联旁路控制回路与现有技术的对比

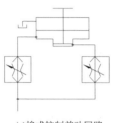 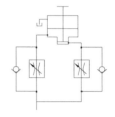

(a)梭式控制差动回路　　　　　　　　(b)差动控制回路(现有技术)

图 6-32　梭式控制差动回路与现有技术的对比

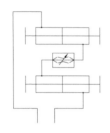 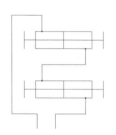

(a)梭式控制油缸串联回路　　　　　　(b)油缸串联回路(现有技术)

图 6-33　梭式控制油缸串联回路与现有技术的对比

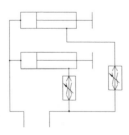 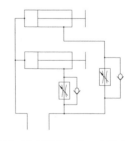

(a)梭式控制并联同步回路　　　　　　(b)单侧出油控制同步回路(现有技术)

图 6-34　梭式控制油缸并联回路与现有技术的对比

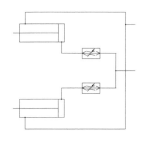 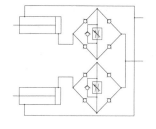

(a)梭式控制并联同步回路　　　　　　(b)单侧进出油控制同步回路(现有技术)

图 6-35　梭式控制并联同步回路与现有技术的对比

2. 其他控制回路

1)梭式控制制动回路

溢流阀可作为液压马达的制动,现有技术一般采用整流桥加溢流阀的方法,如图 6-36 所示。采用梭式三通分流调节阀,使回路更简单、可靠,如图 6-37 所示。梭式三通分流调节阀同时具有双向调节功能,可对系统内漏、压缩量不等和元件不对称造成的不平衡进行补偿,提高精确度。1 个梭式阀替代原技术中的 4 个阀,这样大大节约了成本。

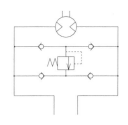 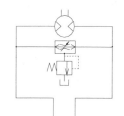

图 6-36　制动回路　　　　　　　　图 6-37　梭式控制制动回路

2)梭式控制压力上下限控制回路

通常,现有技术控制上下限时采用高压溢流阀、低压溢流阀与整流桥来实现,如图 6-38 所示。由梭式三通分流调节阀与溢流阀实现最高压力保证,以及由梭式四通分流调节阀与辅助泵、溢流阀配合实现最低压力保证(溢流压力高于主回路最低压力,如图 6-39 所示)。

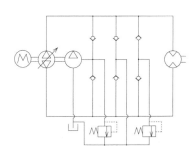 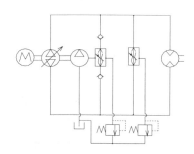

图 6-38　现有技术上下限压力控制回路　　　　图 6-39　梭式控制上下限压力控制回路

梭式三通多向控制元件、梭式四通多向控制元件均具有双向调节功能，使主回路和辅助泵回路变为可调，可对系统的不平衡施以补偿，故调节精确度更高。

3) 梭式控制多泵同步控制回路

为保证多泵同步、消除负载自重的影响，现有技术采用溢流阀和背压回路，如图6-40所示。采用梭式三通、四通分流调节阀和溢流阀实现了溢流和背压功能。梭式阀具有双向可调节功能，使其两个作用缸和两台泵的不平衡状态得到补偿，变得更加同步和可靠，如图6-41所示。

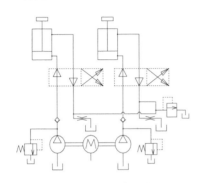

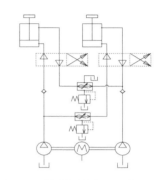

图6-40　多泵同步回路　　　　　　图6-41　梭式控制多泵同步回路

4) 梭式控制流体马达回路

现有技术采用的喷嘴挡板伺服马达回路如图6-42所示。梭式控制流体马达回路如图6-43所示，同样遵循把微小机械量变为大液压量的变化原则。梭芯位移压力是最重要的特性，梭芯位移可通过调节件控制，其结构简单，方便调节。

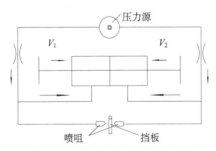

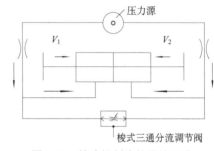

图6-42　喷嘴挡板伺服马达回路　　　　图6-43　梭式控制流体马达回路

5) 梭式控制双罐顺序吸附控制回路

变压吸附回路如图6-44所示，其本身就是一项新兴技术，仍存在系统结构复杂、成本高等问题。梭式控制双罐顺序吸附控制回路如图6-45所示，其结构简单可靠，为复杂的PSA系统提供了一个更新的基本单元，将对简化系统起到一定作用，详见6.3节。

通过对比，本节给出了已有的常见控制回路与基于非能动控制技术的同功能控制回路的差异。可以看出，基于非能动控制技术的控制回路更简单、更可靠。从事自动化工作的工程师、制造商等还可以运用非能动控制技术原理，设计出更多、更新的基本回路，共同推动流体控制技术的不断发展。

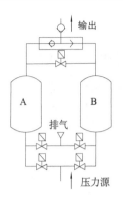
　　　　图 6-44　变压吸附回路

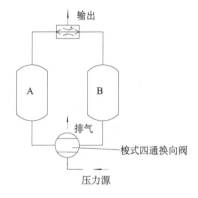
　　图 6-45　梭式控制双罐顺序吸附控制回路

3. 新型控制回路产品

1) 叠加式双向节流阀

叠加式双向节流阀如图 6-46 所示,叠加式双向节流阀在磨床的应用如图 6-47 所示。

图 6-46　叠加式双向节流阀

图 6-47　叠加式双向节流阀在磨床的应用

2) 管道式双向节流阀

管道式双向节流阀如图 6-48 所示,管道式双向节流阀在供水装置的应用如图 6-49 所示。

图 6-48　管道式双向节流阀　　　　　　图 6-49　管道式双向节流阀在供水装置的应用

管道式液压(气动)双向精密控制装置的应用如图 6-9 所示。

综上可以看出,非能动梭式二通双向控制元件的双向调节功能应用广泛,这项功能是通过管道内部自由梭与调节件实现的,自由梭集敏感、控制、执行为一体,响应速度快的关键零件。总结起来,其有三个特点:①双向调节,由于梭式二通双向控制元件结构完全对称,无论以哪个方向都可以作为流体介质入口;②任意位置可停,通过调节节流定位件的位置,主阀可开启到任意角度,实现无级调节,基于端面和柱面与壳体的密封配合,即调即停;③系统简化,与现有的桥式、节流式和孔板式调速系统相比,基于非能动控制技术的调速系统仅只用 1 个阀元件就实现调速,此特点在其他控制回路中也同样体现出来。

当然,这些新型回路可以结合与外部系统相匹配的传感器、转换器或执行器,连接微处理器及智能控制软件等,构成现代监控系统。目前,非能动梭式控制系统已应用到一些重要工业领域,如机场油库、海上石油平台、石油、天然气储运、大型化工、电力、冶金、机械等管道系统,在高温、高压、强腐蚀的情况下连续运行了多年,成功取代了现有技术产品。

第7章 非能动梭式控制管道爆破保护系统

7.1 管道爆破保护的必要性

管道传输与人类生活有着密切的关系，其不断地把大自然的恩惠带给人类，推动社会的进步和人类文明。管道运输作为五大运输手段之一，已成为工业国家的主动脉。由于使用环境的监管较困难，如管道爆破泄漏的检测和爆破后紧急关闭阀门的控制等，研究长距离管道爆破保护具有非常重要的意义。

7.1.1 管道爆破的危害与原因

在使用过程中，管道会逐渐腐蚀，特别是在弯管部分和管道低凹部分。由于长时间受高速高压流体冲击，在低凹部还会出现积水，从而加快腐蚀，这一部分的管道比其他地方管道脆弱，当此处的管道已不能承受流体压力时，管道会破裂，大量的高压流体会从破裂处喷出，释放出巨大的能量，伤害人和动物，摧毁建筑，破坏周边环境。如果破裂处的局部应力增大还会使管道裂口迅速增大，造成更大危害。近百年来，人类不断地进行探索，但至今还没有找到十分有效的防治方法。

近30余年来，媒体报道的关于管道爆破的事故有十多起。21世纪初，发生了重庆的气矿井喷和某化工厂氯气罐爆炸、比利时的煤气管爆炸和葡萄牙码头油管爆炸。前几年，发生了江苏某化工厂仓储油罐燃烧、青岛输油管爆破及天津危险品仓库火灾爆炸，还有墨西哥的输油管爆炸等。这些事故给国民经济发展、人们生命财产安全带来难以估计的损失。2010年7月16日，大连新港油轮在卸油作业时发生操作失误，造成管道内原油泄漏，发生火灾，引发管廊道管道爆裂，一条DN900mm的管道发生爆炸，导致10万米^{3}的油罐烧光，另一条DN700mm管道也发生爆炸。经过分析，导致大连新港油库爆炸的主要原因如下。

(1)油船卸油端至油罐进口输油管设有紧急切断阀、常规切断阀和止回阀三级切断装置，但全部失效，导致油罐烧毁。

(2)常规截断阀、紧急切断阀均为电动，火灾失电无法关闭，作为最后防线的旋启式止回阀也由于存在泄漏没能起到阻止这场灾难的作用。

(3)库区内的泵房、独立消防给水环状管网，以及油罐用固定喷淋系统、固定泡沫灭火系统均因火灾失电无法运转。

可见非能动控制阀的重要性，对最后一道防线止回阀进行了改进，梭式消防止回阀的对称平衡原理靠背压实现零泄漏，不会因泄漏引发油罐燃烧爆炸。目前，已经有150个民航工程安装了数千台梭式消防止回阀，零泄漏免维修运行多年，油气采输可以借鉴。

7.1.2　管道爆破的防护技术

降低管道爆破危害的方式主要有主动防护和被动防护，主动防护指的是合理设计管道路线和铺设管道，加强对管道的监测，提高管道控制的自动化水准以快速甚至提前检测到危险的存在。被动防护是指在管道已经爆破的情况下，迅速地自动化完成紧急切断动作，快速截断管道并自动分析出爆破点的准确位置。

随着先进技术的出现，为防止事故发生，人类已经建立了许多自动化控制系统，也制造出了多种紧急切断装置，从古老的重锤式、液压式、气液式、齿条式、电动式、气动式到与现在的卫星控制、总线控制、计算机控制相结合的各种方式。

这些技术的根本都是驱动阀门关闭，并制造多种紧急切断装置。但是因为执行器(主阀)为外设动力源驱动，恶劣的环境使外设动力源或传动机构失效，主阀仍然不能关闭。长距离输送管道大多铺设在野外、地下、水中等环境恶劣的地方，然而它们都需要外加能源来驱动主阀，管道爆破后不能及时关闭的现象时有发生。

1. 阀门驱动技术

按其动力源的不同，常用的阀门驱动装置可分为气压、液压和电动驱动阀门装置。

气压驱动阀门以压缩空气作为工作介质，在原来阀门的基础上加装汽缸，为保证汽缸能上下供气，其控制部分常采用电磁换向阀来完成，具有防火、防爆、防电磁干扰等优点。但是，这类阀门工作速度慢，且压缩空气不容易获取。

液压驱动阀门以液体作为工作介质，可以在传动介质体积较小的情况下，输出较大的力或力矩，容易实现功率的放大，其传动平稳，可以在高速下启动、制动、转向，但存在阀门体积较大，不便在较小功率场合下使用等缺点。

电动驱动阀门由阀门电动装置和阀门两部分组成，驱动部分由伺服机构完成，控制部分可以接收操作人员或自动装置的命令。与气动驱动阀门和液压驱动阀门相比较，电动驱动阀门具有动作响应速度快、工作效率高、操作简便等优点，但其结构复杂，安全性、可靠性较低，且不便于维护。对于长距离输送管道，管道大多口径大、压力高，其主阀口径大，承受的压力高，驱动力矩较大，对于电动驱动控制阀门来说不易实现。

这三种阀门驱动装置都能完成阀门的启闭，但都存在缺点。长距离输送管道大多铺设在野外、地下、水中等环境恶劣的地方，而它们都需要外加能源来驱动阀门。另外，为避免在阀门启闭过程中产生水击现象，还需要求阀门启闭速度稳定、对管道的冲击小等。

2. 管道阀门控制技术

当管道发生爆破后，无论采用何种阀门驱动方式，都需要准确地控制阀门关闭，当前比较典型的阀门控制技术如下。

1)基于单片机液压驱动阀门的控制

图 7-1 为阀门控制系统原理图。阀门的控制信息传递流程为：首先，通过管道压力、

流量或阀芯轴角位移等信号传感器"感知"出相应的电信号，该电信号经信号调理电路放大、滤波和模/数(A/D)转换后被主控器获取。其次，主控制器将获取到的数值与预先设定的阈值比较，输出对应的控制信号。最后，该控制信号再经过数/模(D/A)转换及隔离放大(由驱动电路实现)等环节后作用于控制元件，控制阀门执行开关动作。图中传感器包括压力传感器、流量传感器和角位移传感器等，输出信号包括电流、电压等信号，主控制器可以根据不同的场景要求选择不同的配置参数。

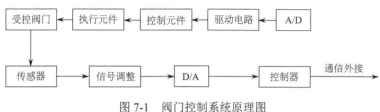

图 7-1　阀门控制系统原理图

2) 基于控制器局域网络总线的阀门控制系统

基于控制器局域网络(controller area network，CAN)总线的阀门控制系统是另一种常见的阀门驱动控制系统，CAN 总线与其他几种现场总线相比而言，是最容易实现、价格最为低廉的一种，但其性能并不比其他现场总线差，这也是 CAN 总线在众多领域被广泛采用的原因。

阀门控制系统包括上、下两级控制。操作人员不仅可以在现场操作，控制阀门的开关度，从而控制阀门，还可以通过上位机对下位机发送命令，控制阀门进行相应的操作。上位机提供操作方便的人机交互界面，采用数据库技术实现系统运行中各个阀门的信息和故障信息的采集和管理，便于系统的维护。下位机引入了微控制技术，既支持现场的操作，也支持上位机的远程控制。另外，下位机控制系统中增加了检测电路和现场总线接口，实现了对阀门运行中大量故障信息的采集。一方面，微控制器能按现场或上位机设置的阀门开度值控制油库阀门的开启和关闭；另一方面，可以响应上位机的数据请求，将阀门的运行信息上传给上位机。上位机、下位机之间通过现场总线连接，二者分工明确，构成真正的分布式现场总线控制系统，如图 7-2 所示，工业控制计算机和 CAN 总线适配卡组成上位机系统。工业控制计算机通过嵌入其内的 HT-6303CAN 总线适配卡与连接在 CAN 总线上的下位机控制系统直接进行通信，如发

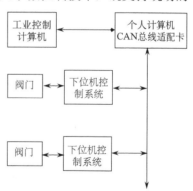

图 7-2　系统整体框架图

送控制命令、请求传输数据等。下位机控制系统是以微控制器为核心的控制系统，与阀门的电气控制部分一同实现控制功能。系统通信选用的是 CAN 总线，主要是考虑到 CAN 总线协议简单、成本低、传输距离远，具有检错功能极强、数据出错率较低等优点。

这两种阀门控制系统代表了现代比较先进的控制技术，它们均可实现自动控制阀门的启闭，且控制精度较高，但是它们都使用了外加能源——电能，一旦电能失效，系统

将无法工作，这对于某些安装在沙漠、水下等的阀门来说，其控制可靠性欠佳。

3)管道爆破保护紧急截断系统

快速关闭阀门切断管道系统可避免更大的损失，保护人员和设备的安全。国外最早采用 ERM 系统，管道安装传感器(涡轮流量计)，用以测量和传送正比于实际泵输量的信号，通过计算机连续计算，绘制流量差示曲线对比，达到一定的值后确定泄漏，指挥电动阀切断泄漏管段，但是这种系统的测量误差大、反应慢、可靠性差、投资大。

3. 管道紧急截断技术

当今，管道紧急截断系统是各国各大公司研究的重点，既要快速可靠又要避免因快速操作而造成的水击现象破坏管道。我国大部分天然气输送干线采用的管道紧急截断系统，有美国 SHAFER 公司的气液联动紧急截断阀和荷兰皇家壳牌集团的气液联动阀紧急断球阀。

1)美国 SHAFER 公司的气液联动紧急截断阀

气液联动紧急截断阀如图 7-3 所示，它利用多个阀门和储能罐，将爆破引起的压力降信号，经多级传递、转换、放大，形成足够大的推力，推动液力驱动装置，驱动球阀截断流道。

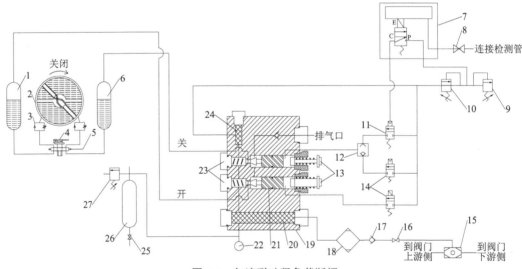

图 7-3   气液联动紧急截断阀

1-开气液罐；2-SHAFER 执行器；3-节流调速阀；4-手动泵；5-手动操作液压控制阀；6-关气液罐；7-电子控制箱；
8-隔离阀；9-减压阀；10-调节阀；11-先导式换向阀；12、15-梭阀；13-手动操作部件；14-截止式电磁换向阀；
16-动力切断阀；17-止回阀；18-干燥过滤器；19-控制板；20-动力气源过滤阀；21-控制先导活塞；
22-压力表；23-动力提升阀；24-先导过滤器；25-排污阀；26-蓄能罐；27-泄压阀

按远传控制形式划分，气液联动紧急截断阀可以分为无远传开关功能、只有远传关功能和有远传开关功能 3 种类型，其中有远传开关功能的气液联动紧急截断阀应用较广泛，它的控制过程包括自动控制、手动操作、气动操作、气液联动等部分。

自动控制气液联动紧急截断阀的自控核心部件是 Lineguard 2000 型控制箱，这是一台由专用微处理器控制的管道检测和管道截断保护系统，主要由电源、中央处理器、压力传感器、电磁阀、端子连接板组成。系统由自身内部电池组供电，对管道的压力变化进行自动实时监测。如果压力值和压降速率异常，且持续时间超过用户设定值，保护系统就会通过 SCADA 系统或其他自检传导系统向值班室发出警告信号，并自动进入关阀状态。手动操作液压控制、气动操作液压控制、气液联动操作控制的原理如下。

手动操作液压控制：推入气液联动紧急截断阀手动换向阀的左侧手柄，压动手泵手柄，将开阀气液罐内的液压油压入执行器内，同时执行器内的液压油被压入关阀液压罐，实现开阀操作。同理，推入手动换向阀右侧手柄，实现关阀操作。

气动操作液压控制：当向下推动手动操作部件和活塞向前运动，并带动提升阀向前运动，提升阀一旦离开密封座，介质会迅速进入开阀气液罐并压迫罐内的液压油通过调速阀进入执行器，推动执行器内的翼片旋转，将执行器关阀腔内的液压油压入关阀液压罐，实现开阀操作，关阀操作与开阀操作同理。

气液联动操作控制：气液联动紧急截断阀远传开关的气动、液压操作是通过电磁阀的动作实现的。调控中心给出关阀信号后，截止式电磁换向阀导通，管道内的介质进入电磁阀和梭阀，推动活塞运动，并带动提升阀向前运动。提升阀一旦离开密封座，介质会经过提升阀进入关阀气液罐，并压迫罐内的液压油通过调速阀进入执行器，推动执行器内的翼片旋转，将执行器开阀腔内的液压油压入开阀液压罐，实现远程关阀操作，开阀操作与关阀操作同理。

2) 荷兰皇家壳牌集团的气液联动阀紧急断球阀

气液联动阀紧急断球阀如图 7-4 所示，管道破裂保护的控制原理是基于膜片机构对压差变化产生响应，通过系统中各机构组合动作，切换主管道中的天然气作为动力源，驱动阀门关闭。阀门全开时，由可调节流小孔、膜片机构、开/关气液罐、紧急提升阀、基准罐和换向阀等控制。特定的压降速率完全由可调节流小孔来调节设定，通过泄放小孔的调整确保膜片机构在正常管道压力波动状态下不受影响。

当主管道上发生的严重持续压降达到设定的压降速率时，膜片机构的前侧腔室(无簧侧)内就会响应，受可调节流小孔制约的基准罐内的稳定压力与前者相互作用，在膜片上产生一个压力差，驱使膜片带动输出轴向外移动，触发两位三通切换阀关闭，通口 P 与通口 C 由连通变为切断，紧急提升阀的通口 O 无压力源，阀芯向通口 O 侧移动，通口 P 与通口 C 由切断变为连通，动力源通过关气液罐上的梭阀进入关气液罐，并将高压液压油压入液压缸，快速关闭阀门，关闭气液罐上梭阀的同时也隔离了控制模块，留存于液压缸的液压油被压入开气液罐，当主阀关闭时，就会在阀前后产生压差，使安装于主阀上的梭阀换向，自动选择高压侧的气源作为动力源输入液压缸。

当液压缸达到行程的末端时，安装于液压缸上的阀位联动机构相应地触发紧急提升阀，迫使阀瓣关向阀座，其通口 P 与通口 C 被切断，保持气液罐和液压缸稳压，液压缸处于紧急关断位置，相应的主阀也保持关闭，切断下游管道。只有在两位三通切换阀经手动复位后，液压缸才能被打开，此时阀位联动机构不再需要保持紧急提升阀处于关位，球阀也可用手动操作手柄或手动泵控制其开启。

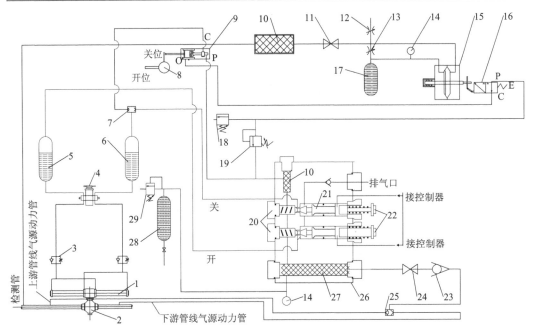

图 7-4　气液联动阀紧急断球阀

1-液压缸；2-主阀；3-节流调速阀；4-手动泵；5-开气储罐；6-关气液罐；7、25-梭阀；8-阀位联动机构；
9-紧急提升阀；10-先导过滤器；11-先导隔离阀；12-泄放小孔；13-可调节流小孔；14-压力表；
15-膜片机构；16-二位三通切换阀；17-基准罐；18-安全阀；19-调节阀；20-动力提升阀；
21-控制先导活塞；22-手动操作部件；23-止回阀；24-动力切断阀；26-控制板；
27-动力气源过滤阀；28-蓄能罐；29-安全阀

这两种管道紧急截断系统的结构较为复杂，压力降信号传递线路长、造价高。另外，它们必须借助于多个储能罐和电磁阀等外加能源才能实现管道的关闭保护，当电力缺乏或储能罐失效时，系统就会出现故障。这些故障是由于系统的结构、控制的复杂或操作不当等引起的，具体如下。

(1)阀门开关不稳定或无法正常操作。执行器内部存在气相空间，在开关阀门时，执行器动作延迟或不稳定，操作手泵时有空行程。因此，排出执行器中的气体，使之充满液压油是排除该故障的关键。

(2)执行器运行缓慢。执行器运行缓慢的原因有速度控制阀过紧、气源压力低等。

(3)气液联动阀异常关断的原因如下：检测管堵塞时，管内的压力会由于泄漏等降低，当低于设定的下限压力时，气液联动阀会自动关闭；控制箱内部的一些芯片受损时，易引起内部运算偏差，发出错误信号，导致阀异常关断；压力传感器传输的信号有误差时会造成阀误关。

(4)关阀操作不正常或关阀不到位的原因如下：当设置的关阀时间小于正常关阀时间时，从阀正常关闭至设定时间，控制箱内的电磁阀会产生动作，使正常关阀操作停止，导致关阀不到位；管道内的杂物梗阻或其他机械故障导致阀门开关操作不正常或不到位；动力源压力低或阀门扭矩超标；执行器密封性差；限位阀调节不当。

4. 非能动梭式控制技术

管道输送中，管道及其输送的介质就传递着流体信息，表达流体变化，是传递控制能量最直接、最真实、最可靠的载体，比任何模拟、虚拟更准确。基于此，对密闭管道非能动控制技术进行了长期的研究，为 21 世纪的管道工业注入新鲜血液。

非能动梭式控制系统是一种利用非能动梭式控制技术来实现对主阀进行自力式关闭控制的系统。非能动控制技术利用输送介质本身的动力转化成其他形式的能源作为控制源，它对爆破信息的采集是利用爆破瞬间管道内流体的压力、速度的急剧变化来得到的，这些变化使机械式感流器阀芯移动，管道介质进入系统内的控制结构，利用其能量驱动阀门控制系统关闭阀门，切断管道输送。它不需要对管道结构进行大的调整，爆破信息的采集与传递、爆破系统的动作都在系统内完成。

非能动梭式控制管道爆破保护系统工作时利用被控流体进行控制，没有传感器、电磁阀、储能罐等元件，是一种纯粹的液压驱动的控制系统，其控制能量来自管道内流体的能量。对运输管道、回路进行保护，不仅可以节约资源，而且会对整个系统起到很重要的安全作用。对非能动控制技术的研究和应用可以使管道保护更趋于自动化、节能化、高度安全化，例如，在石油管道运输中可以防止石油大量泄漏，节约资源；在有毒溶液管道运输中，可以防止工作人员直接接触有毒溶液，保护工作人员的人身安全；在反应堆回路系统中，自动及时地非能动关闭，可以保证反应堆的安全性；在加工易燃易爆物质的场合中，由于电火花的存在，这些地方禁止使用电气设备等，此时采用非能动控制十分有利。

7.2　非能动梭式控制管道爆破保护系统概述

7.2.1　系统的基本原理

为适应大型阀的控制，可用非能动梭式控制技术建立最新系统，改造传统系统。

1. 利用经放大的本体介质驱动主阀

为适应大型阀的控制、管理，建立最新系统和改造传统系统，需要对非能动梭式控制管道爆破保护系统做如下工作。

(1)适应 SCADA、DCS、VSAT 等系统。

(2)适应当今已经成熟、标准、规范的大型执行元件，如蝶阀、球阀、闸阀等。

(3)适应和改造现有的系统，在保持现有工艺系统不变、控制主阀体不变的情况下提高系统的可靠性和调节精度。

利用经放大的本体介质驱动大型阀门实现管道爆破保护的原理如图 7-5 所示。

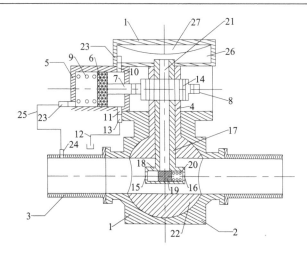

图 7-5　非能动梭式控制管道爆破保护系统

1-主球型阀；2-主球型阀阀体；3-主管道；4-主球型阀旋转阀杆；5-控制缸；6-活塞；7-控制杆；8-齿条；9-弹簧；
10-控制缸进口 B；11-控制缸出口；12、25-连接管；13-控制阀；14-驱动齿轮；15-感流器进口 A；16-感流器进口 B；
17-控流管；18-感流器腔体；19-感流器梭芯；20-感流器弹簧；21-高速流通道；22-主阀体活动球体；
23-控制缸进口 A；24-主管道取压口；26-储压缸；27-储压气囊

2. 利用本体介质驱动通球自控主阀

除考虑管道爆破保护外，还要与自动化系统结合，能够通过自控系统操作主阀，如图 7-6 所示，这样能做到清管器到达和离开的主阀自动启闭，利用介质运载的指挥器随机自动启闭主阀。

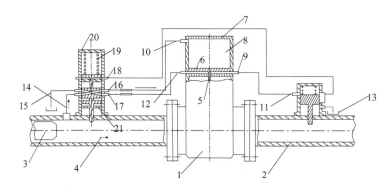

图 7-6　非能动管道通球爆破保护系统

1-闸阀体；2-主管道；3-清洁球；4-流向；5-主阀杆；6-主阀驱动活塞；7-驱动缸壳体；8-主阀驱动缸体；9、12-排出口；
10-主阀驱动进口；11-保持阀进口；13-泄压槽；14-主阀取压口；15-泄压槽；16-通行阀进压口；
17-通行阀泄压口；18-通行阀保持口；19-通行阀弹簧；20-通行阀壳体；21-通行阀阀芯

7.2.2　系统的主要分类

1. 小口径非能动梭式控制管道爆破保护系统

小口径非能动梭式控制管道爆破保护系统包括阀体、阀体一端的左流道和另一端的右流道、左右流道之间相并连的控制通道和外侧流道、控制通道中可做往复运动的阀芯和阀芯的阻尼件，阻尼件可以是弹簧、剪断销、剪断膜、阻尼缸结构。小口径直动、增压缓冲型管道爆破保护装置如图 7-7 所示。

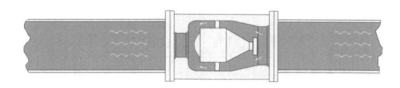

图 7-7　小口径直动、增压缓冲型管道爆破保护装置

为防止关闭管道过快而产生的水击现象引起再爆破，系统增加了缓闭功能，特别设置了泄压孔、调节器、缓冲器。当阀芯关闭时，泄压孔由阀前向阀后泄压，中间连接一个调节阀，泄压后自动关闭。阀芯关闭时，瞬时压力突然升高，可通过泄压孔泄出部分压力(调节阀泄压滞后 3s 后自动关闭)，使水击产生的压力降低一部分。缓冲器的作用是当阀芯关闭时可以减缓关闭时间，从而减缓阀芯关闭速度，使水击产生的压力降到最低点。

正常情况下，由于流道采用梭形，流阻小，阀芯两侧的压力近似相等，系统不做出动作。当上游的管道发生爆破时，由于流体管道中的流速发生急剧变化，出口压力降低，装置的进口压力与出口压力的差值增大，阀芯在压差的作用下，需要克服阻尼件阻力向左移动，并关闭出口以保护管道和减少损失。当事故处理完成后，装置可在阻尼件的作用下自动复位。

该系统具有造价低、响应速度快、流阻小、安装方向及安装环境不限等优点，可有效解决输送流体管道发生爆破事故时无法紧急切断阀门的问题，目前它已可靠运行在我国渤海浅海输油管道、新疆克拉玛依油田等部分 DN 在 200mm 以下的管道，实现防泄漏、防盗油。

2. 大口径非能动梭式控制压力管道爆破保护系统

大口径非能动梭式控制压力管道爆破保护系统基于一体化思想，将控制件置于管道轴心线上，全部密闭、浸泡在管道输送的介质中，依靠执行器两端的压差与给定值的比较，实现管道爆破保护。制造时，选择该装置的材质与管道材质一致，从而避免自然环境、地理位置和控制系统失误的影响，只要管道内有介质输送，它就可以与管道共存，保持自身独有的保护功能。

非能动梭式控制压力管道爆破保护系统结构如图 7-8 所示，其主要由主阀、信号感应采集系统和驱动系统构成。其中，信号感应采集系统由一系列传感器和信号传输装置构成，还包括与主阀形成一体的感流器。驱动装置由一个驱动液压缸、一个储能罐及连接管组成。

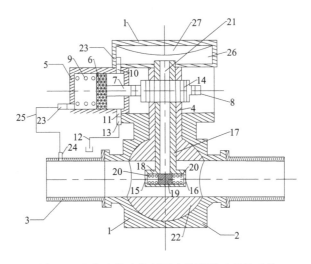

图 7-8　非能动梭式控制压力管道爆破保护系统

1-主球型阀；2-主球型阀体；3-主管道；4-主球型阀旋转阀杆；5-控制缸；6-活塞；7-控制杆；8-齿条；9-弹簧；
10-控制缸进口 B；11-控制缸出口；12、25-连接管；13-控制阀；14-驱动齿轮；15-感流器进口 A；16-感流器进口 B；
17-控流管；18-感流器腔体；19-感流器梭芯；20-感流器弹簧；21-高速流通道；22-主阀体活动球体；
23-控制缸进口 A；24-主管道取压口；26-储压缸；27-储压气囊

保护系统在正常工作状态时，感流器呈关闭状态，保证主阀呈全开状态。

管道右端某位置发生爆破后，高速流体从左端进入感流器，推动阀芯右移，并压缩阀芯右侧的复位弹簧，使阀芯与阀座呈开启状态，流体经感流器、阀座、控流管、储压缸并压缩气囊，再经反向阻尼阀、控制缸的缸口进入控制缸右端缸腔，控制杆随活塞向左移动，控制杆上的动齿轮，带动主阀杆旋转，直至主阀关闭。

管道修复后，感流器仍保持关闭状态，控制缸右端缸口的电磁阀开启，控制缸的右端缸腔中的流体，液压缸泄压。控制缸在从控流管进入右端缸腔的流体压力和弹簧的联合作用下，推动控制活塞及控制杆右行回位，控制杆上的齿条反向驱动齿轮连同主阀杆反转，主阀回位开启，直至全开，保护器恢复输送流体的工作状态。

3. 通清管器型非能动梭式控制压力管道爆破保护系统

在大口径非能动梭式控制压力管道爆破保护系统基础上，通过增压、放大装置，可实现通清管器型非能动梭式控制压力管道爆破保护系统，如图 7-9(a)所示。

目前，人类还不能完全掌握管道的运输规律，控制产生的危害，所以偶尔的事故会带来灾害。

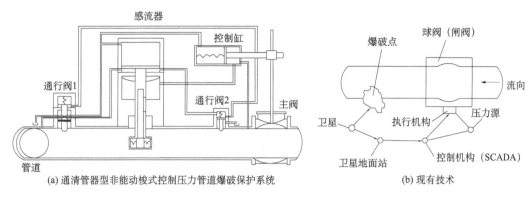

(a) 通清管器型非能动梭式控制压力管道爆破保护系统　　　　　　(b) 现有技术

图 7-9　通清管器型非能动梭式控制压力管道爆破保护系统及现有技术对比

7.3　非能动梭式控制管道爆破装置的仿真

7.3.1　管道仿真技术与水击现象

　　管道正常工作时，流体的参数可以通过理论计算来分析，但是管道爆破后，流体的特性将会发生急剧变化，如流体的压力大小、速度的大小和方向等，这些变化将严重影响管道的使用安全及输送能力。另外，管道切断系统动作时，水击现象的出现是造成管道二次爆破的主要因素。现在国内外对此进行了管道仿真技术研究，以及水击现象的研究，包括水击的产生、水击压强的大小、水击的防治等。

1. 管道仿真技术

　　管道仿真技术是为了满足现代管道的设计和管理要求而发展起来的。计算机仿真就是通过建立管道系统的模型，借助计算机对真实系统或设想进行分析论证的一门综合性技术。管道仿真技术能真实地再现管道内介质的流动规律，以及压力、流量的分布情况和随时间变化的趋势；能为长距离输送管道设计及运行管理提供管道工况分析工具；能为管道工业带来巨大的社会效益和经济效益。

　　现代国内外对长距离输送管道仿真技术的研究主要集中在顺序输送、加剂输送等方面。

　　(1)顺序输送。建立准确描述混油过程的数学模型是构建顺序输送仿真系统的前提。发生混油主要是因为轴向对流和径向扩散，其中轴向对流由管流横截面速度不均匀引起，径向扩散则由浓度梯度引起。基于两种油品间的混油过程为二维对流扩散过程这一观点，国外建立了混油二维数学模型，即二维对流扩散方程。它在解析混油形成、发展及具体浓度分布方面比一维模型更为精确，能更好刻画混油浓度不对称分布的本质。可以用特征线法(method of characteristics，MOC)和差分法求解对流扩散方程，求解结果与实际相符，从而进一步说明二维对流扩散方程能够准确描述油品顺序输送的混油过程。

　　顺序输送仿真系统对于跟踪混油界面运动、编制最佳运行方案、确保安全和优化运行十分重要。在顺序输送过程中，随着混油界面在管内运行，混油长度及混油浓度均会发生变化，水击波传播速度也因管段而异。针对顺序输送的特殊性，国外采用了多步MOC分析成品油顺序输送的水力瞬变过程，在模拟过程中考虑了混油界面的移动及由此引起的管段内油流密度、压力波速度及水力摩阻系数的变化，其数值计算结果与顺序输送试验值吻合较好，能够满足含有修正系数的特征线方程组和多步MOC对模拟顺序输送的要求，并且适应能力强，多步MOC具有较高的应用价值。

(2)加剂输送。加剂输送是在管道仿真软件中对减阻剂效应的模拟，用于对水力流阻系数进行修正。影响减阻剂效应的因素很多，如减阻剂的类型、溶解剂的浓度、温度、管径、粗糙度及季节性等因素，其对减阻剂效应的影响比较复杂。在管道仿真中要全面模拟减阻剂效应，必须结合现场试验数据，拟合减阻剂性能曲线，或对所采用的模型进行修正后计算流阻系数。

国外，特别是美国在管道仿真技术方面的研究进展较快，已经开发出了相应的软件，但在管道爆破后的流场的流态方面研究起步较晚，有待进一步发展。

2. 管道水击现象

输油管道中的水击过程常常会产生过高或过低的压力，严重时会对管道及其附属设备造成破坏，因此需要考虑在管道的设计和运行过程中可能出现的水击过程，以便在设计时留出足够的裕量或在运行中及时控制水击的影响。常用的水击压力分析方法如下。

(1)数值解法。数值解法求解精确、快速、简单，但对于比较复杂的管道，如变径管、复管或管网等，求解时计算量大，人工计算基本是不可能的。

(2)MOC。MOC是求解水击过程的经典方法，该方法是用两个特征值将不稳定流问题的2个偏微分方程转换成4个常微分方程，然后采用有限差分方法把常微分方程转化成差分方程(特征方程)。由于不需要求解联立方程组，可以各自独立地求出每个节点的流动参数，从而简化了管道瞬变流动的求解过程。MOC还容易与复杂的边界条件联解，并且可以弥补数值方法不形象的缺点，计算机技术的发展极大地推动了这种方法在水击计算中的应用。虽然MOC不需要求解庞大的线性或非线性方程组，但求解大型的水击计算时，计算量会超出人力所能到达的范围，所以必须借助于计算机，因而首选的方法是利用简单的语言设计一种通用的程序。利用语言编制的程序简单易懂，且可进行结果的图像显示，在进行复杂管道的水击计算时，只需变换边界条件即可，非常方便快捷。

(3)隐式差分法。隐式差分法要求对整个管道系统联立求解一组代数方程，而方程的个数取决于管道系统所分的节点数。每次迭代都需求出全部未知数后，才能进行下一次迭代。对于方程中的非线性摩擦项和复杂的边界条件，迭代过程需要消耗大量的计算时间。隐式差分方法的优点是计算结果较稳定，基本不受计算时间步长的约束，但计算时间步长也不可太长，以免违反差分过程的基本要求。

(4)迦辽金(Galerkin)法或变分法。迦辽金法或变分法是求解瞬变过程的有效方法，既适用于求解快速瞬变过程，又适用于求解慢速瞬变过程，计算结果与现场数据相当吻合。该方法既具有解析法的特点，又具有数值解法的特点，与纯数值解法相比，管道单元和时间步长的选取可大可小，且各管道单元的大小可以不一样，这就提高了求解的灵活性，其算法也具有较高的时间和空间效率。

这些方法都可以求解流体的瞬变过程，但它们主要针对的是特定管道中特定流场情况下水击造成的结果，未形成系统化、模块化。因此，未来的研究方向如下。

(1)加大管道仿真技术的研究，对管道爆破后介质的流动规律，以及压力、流量的分布情况和随时间的变化趋势做出更准确的分析。

(2)开发出一个可以在任意流场情况下分析水击过程的系统，能对水击过程做出全面的分析，以减小水击过程对管道输送的影响。

7.3.2　基于负压波的数值仿真

目前，国际上已有的针对压力管道爆破检测和定位的方法大体上分为管内检测法、管外硬件检测法和管外软件检测法。以 Butlen、Billmna 和 Ismerna 为代表的学者对基于软件的管道泄漏诊断预定位方法进行了研究，提出了多种方法，其中以基于负压波与流量平衡法相结合的方法研究最多，在实际生产环境中的应用也最广泛。在此，借鉴负压波与流量平衡法，利用负压波传递产生的压力差大小来判断非能动梭式控制管道爆破保护系统能否实现有效关闭。非能动梭式控制管道爆破保护系统实现有效关闭，阻断爆破进一步发生的必要条件是发生管道爆破瞬间产生的瞬时压差能够推动阀芯实现关闭动作。以 DN50mm 的爆破保护阀为例，研究位置相同、口径不同和口径相同、位置不同的爆破孔所产生的压力差对阀芯动作的影响情况，通过数字模拟仿真分析压力管道发生爆破(泄漏)时的负压波流场，分析不同工况，对压力管道发生爆破(泄漏)情况时产生的负压波流场进行数值模拟仿真，分析了不同工况下首末端压力差对爆破保护阀的工作性能的影响，为非能动梭式控制管道爆破保护系统的保护距离提供设计依据。

1. 负压波

有多种导致运输管道爆炸的原因，其中材料自然失效、人为破坏、机械施工等会造成运输物质迅速流失，从而导致运输管道发生爆破，因为管道内部相对于管道外部的空气有着很高的压力，这样就会形成内外压力差。管道爆破处的压力会随着爆破点的物质流失而下降，并且该处管道内部运输的流体密度变小，但管道流体具有连续性，流体流速不会立即产生变化。管道爆破处为低压区域，爆破点上下游的高压流体流向爆破点处的低压区域，使得低压区域的流体密度和压力进一步减小，这一过程会从爆破点处向运输管道的上下游传播，在水力学中，这种现象称为负压波。

实际生产中，管道爆破主要是由人为破坏或管道爆裂造成的，特点是随机性强、泄漏量较大，属于突发性事故。当管道发生爆破时，由于管道内外的压差，爆破点处的流体迅速流失，爆破点处的压力下降，密度减小，紧邻爆破点处的第一层液体向泄漏区填充，密度减小，压力降低，又使第二层液体从上下游两个方向向泄漏区流动，重复这个过程，就会产生一个瞬态负压波，分别向上下游传播。当负压波到达管道首端增压泵口时，会在泵口出现较大的反弹，产生增压波下行，沿线流体都会获得一个增压水头，增压波到达泄漏区时，在泄漏情况未达到稳态之前，继续挤压爆破部位，继续产生上行的负压波，直至达到稳压工况。负压波传播到末端出口时，压力小于储罐液位的水头，也会产生增压波上行，这个过程将会重复进行，直至建立起新的稳压工况，最终导致管道首末两端压力下降。由于负压波的反射和衰减，爆破引发的管道压力波形会有一个明显的波谷和较大的反弹，接着会出现几次振幅逐渐降低的余波反弹，然后逐渐平稳。而调泵和调阀等正常操作引起的负压波在管道中传播的过程与泄漏时的情况不同，因此从波形上可以分析出引发负压波的真正原因，从而为进一步判别管道爆破保护系统的有效性打下基础。

负压波法判断爆破保护阀的有效性：管道爆破时，产生的负压波传播到管道首端，根据介质流速瞬时变化引起的压力差 ΔP 形成的推力能否克服弹簧力的作用，推动阀芯向左运动，快速关闭阀口，从而判断同一位置不同口径与同一口径不同位置的爆破孔产生的压力差对爆破保护阀阀芯动作的影响。爆破产生的负压波示意图如图 7-10 所示。

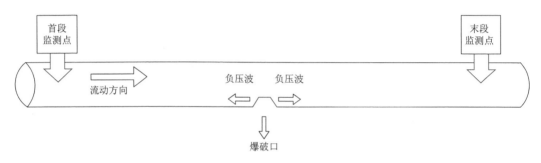

图 7-10　爆破产生的负压波示意图

2. 流体运输管道的不同工况

管道正常运行时，除了管道爆破（或泄漏）会使工况改变外，启停泵、阀门的开关也会影响管道首末端的平衡状态。只有把采集到的不正常信号和工况改变的正常信号区分开来才能提高对管道爆破引起的压力差判断的准确性。研究管道运输工作状况的有效手段是分析实际运行的运输管道并监测各种参数的变化。在考虑各种启停泵等的情况下，对实际运行的管道进行监测可知：当管道爆破（泄漏）发生的时候，上游监测站的压力会下降，流量会升高，下游监测站的压力和流量都会减小，如图 7-11 和图 7-12 所示；当提高泵的转速加大或者减小流量时，上下游监测站的压力和流量都会增大。

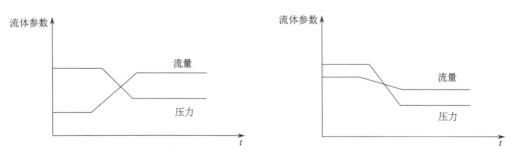

图 7-11　管道首端流体参数变化曲线　　　　图 7-12　管道末端流体参数变化曲线

当运输管道发生泄漏时，首末端流量的变化与调泵等操作对应的流量变化有所不同。如表 7-1 所示，不同工况对应的首末端压力、流量和流量差的变化并不同，这样通过辨别流量的变化就能降低误报率，可以避免因为管道正常运行时进行的操作导致误报。

表 7-1　不同工况下管道的首末端压力、流量和流量差分析

工况	首端压力	末端压力	首端流量	末端流量	首末端流量差
排量增大	先升高	后升高	先增大	后增大	先增大后正常
排量减小	先下降	后下降	先减小	后减小	先减小后正常
开泵	突然升高	随后升高	突然增大	随后增大	先增大后正常
停泵	突然下降	随后下降	突然减小	随后减小	先减小后正常
泄漏	下降	下降	增大	减小	先增大后持续
正常	波动很小	波动很小	波动很小	波动很小	波动很小

3. 压力管道爆破物理模型

假设管道总长度为 1002m，监测管长度为 1000m，管道直径为 50mm，管道首端压力为 1400Pa，末端压力为 1300Pa，压力监测点设置在距离管道首末两端 1m 处，压力管道物理模型如图 7-13 所示，压力管道模型平面图如图 7-14 所示。

图 7-13　压力管道物理模型

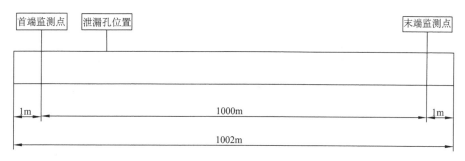

图 7-14　压力管道模型平面图

假设如下两种情况。

(1) 在距离管道首端检测点 300m 处有 1 个爆破孔，孔的直径分别设置为 0.005m、0.02m、0.03m 和 0.04m 四种情况，通过不同大小的爆破孔径来分析管道首末两端压力的变化规律，从而得出不同大小的爆破孔对管道爆破保护系统的影响。

(2) 基于同一孔径 (40mm) 的爆破孔的前提下，分别设置爆破孔距管道首端监测点距离分为 300m、500m、800m、900m 四种情况，同理通过首末两端压力的变化规律来分析爆破孔位置对管道爆破保护系统的影响。

4. 仿真参数设置

由于长距离管道 3D 模型的计算量较大，对直管道采用 2D 模型近似处理，利用有限元分析软件 Fluent 建立可压缩流体流动二维管道模型。首先采用 Fluent 专用的前处理软件 Gambit 建立管道内流体部分的模型，并划分网格。网格的选择对模型的计算精度影响很大，所以选择了正交性好的四边形网格。并在距首端监测点 300m 处设置爆破孔，为了提高计算的精度，在管道爆破孔附近网格进行了加密处理，压力管道爆破二维模型爆破孔处的网格如图 7-15 所示。

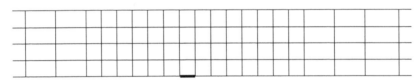

爆破孔位置

图 7-15　压力管道爆破二维模型爆破孔处的网格

边界条件是模型约束的问题，施加边界条件就是确定模型中各节点的自由度，具体的边界条件及参数设置如下。

(1) 假设流体介质为空气，不考虑温度对管道内气体的影响。

(2) 入口边界条件。用于设置流动边界的速度、温度、压力、湍流量、质量分数、用户标量等的分布。管道直径为 50mm，管道输送过程中，进口压力为 1400Pa，出口背压为 1300Pa (相对大气压力)。

(3) 壁面边界条件。用于设置固体表面的边界条件，如线性、对数或平方关系的壁函数；滑移 (黏性)、非滑移 (无黏) 或混合壁面边界条件；静止、移动或旋转壁面边界条件；绝热、等温、固定热流量或混合壁面温度边界条件；颗粒流的附着或弹性壁面边界条件。因此，开始时的管道内壁 (包括爆破孔) 整体选为无滑移边界条件，设置为 wall。当模拟爆破时，再改变其边界条件，爆破口在爆破前为固壁边界条件，爆破后改为内部界面边界条件。

5. 数值仿真

1) 爆破孔径对爆破保护阀阀芯关闭的影响

研究当压力管道发生爆破时，产生的瞬间压差是否能使爆破保护阀正常关闭的问题。

假设在距首端 300m 处开有 1 个直径为 40mm 的爆破孔,可以通过有限元数值模拟来分析压力管道爆破(爆破)产生的压差 ΔP 对爆破保护阀阀芯关闭的影响。

图 7-16 为上述情况下的管道首末端压差变化曲线,0～1s 为管道系统稳定工作阶段,进出口压差在 100±10Pa 波动,不会对爆破保护阀的阀芯动作造成影响,属预设范围,阀芯不会动作。发生爆破后,两端压差 ΔP 快速上升,压力值达到 620Pa,在此种压差作用下,打破原有在爆破保护阀阀芯两端的动态受力平衡,推动阀芯向出口移动,关闭阀口。随着爆破的进一步发生,出口压力变小,两端瞬时压差转化成进出口压差,压力值逐渐增大,最终趋于最大值 1400Pa,完全满足爆破保护阀阀芯动作要求。

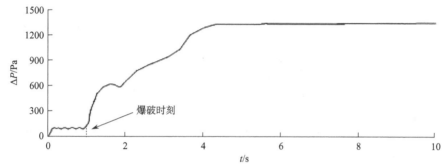

图 7-16　孔径为 40mm 时的压力管道首末端压差变化曲线

2)不同孔径时的管道首末端压力差变化规律

截取同一工况下,同一位置不同孔径的爆破孔处 4.0s 时的压力云图如图 7-17 所示。从图中可以看出,爆破孔周围压力分布较均匀,后端压力较前端压力偏低。越靠近爆破孔,流体压力越低。随着孔径不断增大,出口处的流体压力降低,压力梯度增大,突变更加明显,流体压力值衰减更快。

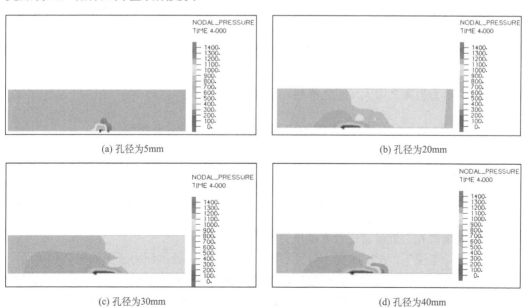

(a) 孔径为5mm　　　　　　　　　　(b) 孔径为20mm

(c) 孔径为30mm　　　　　　　　　　(d) 孔径为40mm

图 7-17　同一位置不同孔径的爆破孔压力云图(4.0s 时)

孔径为 5mm、20mm、30mm、40mm 时的管道首末端压差变化曲线如图 7-18 所示，从图中可知，孔径为 20mm、30mm、40mm 时产生的压差均能使爆破保护阀动作，实现阀芯关闭。随着孔径的不断减小，爆破瞬间产生的瞬时压差值逐渐降低，压力差变化梯度减小。但随着爆破继续发生，出口压力逐渐降低，瞬时压差逐渐变为进出口压差，达到最大值，压差从最小值到最大值所需时间延长。但是当孔径为 5mm 时，如图 7-17(a) 所示，爆破口两端压力变化很小，因此随着爆破口的进一步减小，产生的瞬时压差不足以克服阀芯弹簧力的作用，此时爆破保护阀不能正常实现关闭，无法起到安全保护的作用。

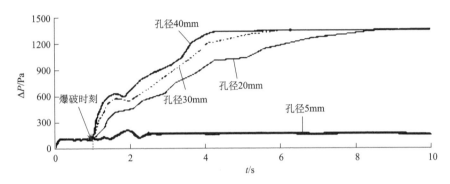

图 7-18　不同孔径下的管道首末端压差变化曲线

表 7-2 为不同孔径下管道发生爆破时阀芯处的流速和受力情况。由于采用的是 2D 模型，理论计算时假设阀门后端管道全断，爆破瞬间产生的瞬时压差为常态下阀门两端压差的 6~7 倍。通过压差与流速的关系，可以计算出爆破瞬间阀门处流体的流速，根据孔径尺寸大小按比例进行缩小。实际值与理论计算相比有一定差距，除了摩擦阻力的因素外，还因为在理论计算中对管道的沿程阻力系数 λ 取为定值，这样计算出的管道内的能量损失会大于实际情况，根据稳定流能量守恒定律，计算得到的流速会比实际数值小。另外，理论分析中流场是按理想流场进行分析的，未考虑扰动对流场的影响。从表 7-2 中得出，随着孔径的不断增大，产生的瞬时压差增大，阀芯处流体的流速也逐渐增大，对阀芯的作用力也随之增大，反之亦然。

表 7-2　不同孔径下管道发生爆破时阀芯处的流速和受力情况

孔径 D/mm	5	20	30	40	50
阀芯处的流速 v/(m/s)	0.65	1.05	2.36	4.2	6.57
阀芯所受的力 F/N	0.117	0.47	1.05	0.94	1.178

3) 不同爆破孔位置时管道首末端压力差变化规律

截取同一工况下，6.2s 时同一口径不同位置的爆破孔处的压力云图如图 7-19 所示。从图中可以看出，当爆破发生，爆破口附近前段流体快速往破口处流出，而后端流体的流动方向来不及改变，会顺势往出口方向继续流动，因此呈现出破口附近前段流体压力低于后段流体压力的现象,且最大压力处发生在破口后段沿管壁一侧。同一时刻,随着破口距离不断增大,破口处的压力离进口端的距离越来越远,在爆破口处的流体压力也越来越低。

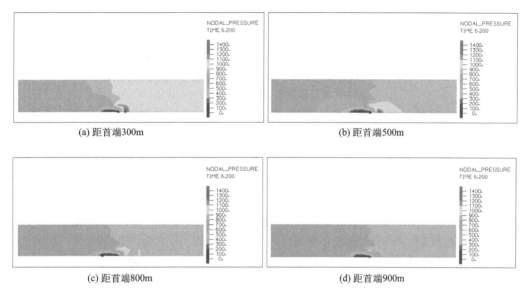

(a) 距首端300m　　　　　　　　　　　　　　(b) 距首端500m

(c) 距首端800m　　　　　　　　　　　　　　(d) 距首端900m

图 7-19　同一孔径不同位置的爆破孔处的压力云图

孔径为 40mm 时,四种不同位置的管道首末端压力差变化曲线如图 7-20 所示,从图中可以看出,四种情况下产生的压力差均能使爆破保护阀阀芯关闭,阻止爆破继续发生。但随着距离的不断增大,响应时间延长,且压差上升梯度变缓。当破口距首端的距离为800m 时,产生的压差能够使推动阀芯缓慢关闭,当破口距离为 900m 时,产生的瞬时压差不足以推动阀芯动作,爆破保护阀就无法起到安全保护的作用。表 7-3 为同一孔径的不同位置产生的压差对爆破保护装置阀芯的作用力及阀内流体流速情况,从表中可以看出,随着爆破孔与阀门位置的距离不断增大,产生的瞬时压差越来越小,阀芯受力逐渐减小,流体流速也减小。

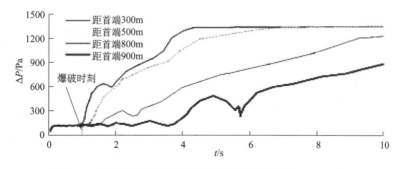

图 7-20　不同位置的管道首末端压力差变化曲线（6.2s 时）

表7-3　同一孔径不同位置的管道爆破孔阀芯的受力情况及阀内流体流速

管道长度/km	0.3	0.5	0.8	0.9	1
流速/(m/s)	6.57	5.8	4.4	3.2	2.6
阀芯两端所受的力/N	1.178	0.97	0.65	0.28	0.24

7.4　非能动梭式控制管道爆破保护装置的试验

　　管道破口保护的整定值一般为额定流量的130%,瞬时关闭,关闭时间可以调节。整定值足以容纳计算误差、检测精度、波动、支流充盈等非爆破信息。每一个元件、每一条支线需经过精确的计算,用仿真、真机检测、系统试验的可靠性来支持研究的结果。

　　非能动梭式高压管道爆破保护系统的电驱和现场手动关闭失效时,非能动控制会主导关闭,关闭时间为0.01~2s。不同的管径、不同的压力等级、不同的爆破点距离、不同的破口渲泄流量、不同的输送介质需经过精确的计算,用仿真、真机检测、系统试验来确定非能动控制的保护范围。厂内使用的轴向流入和轴向流出的外观如图7-21所示,厂外使用的轴向流入和轴向流出的外观如图7-22所示。厂内使用的轴向流入和轴向流出的局部剖视外观(该阀呈开启状态)如图7-23所示,厂内使用的轴向流入和轴向流出的局部剖视外观(该阀呈关闭状)如图7-24所示。

图7-21　厂内使用的轴向流入和轴向流出的外观　　图7-22　厂外使用的轴向流入和轴向流出的外观

图7-23　厂内使用的轴向流入和轴向流出的　　　　图7-24　厂内使用的轴向流入和轴向流出的
　　　　　局部剖视外观(该阀呈开启状态)　　　　　　　　　局部剖视外观(该阀呈关闭状态)

7.4.1　原理与模型试验总体布局

　　2014 年中央电视台报道的管道爆破保护项目。经过多次对比论证，项目以空气为介质，选择透明的有机玻璃作为管道和管道爆破保护阀的制作材料，使试验可以看到阀芯打开、关闭的动态过程。经过一年的修改和调整，项目做到了科学表达、精准示范、安全可靠并有良好的视觉效果，演示原理如图 7-25 所示。

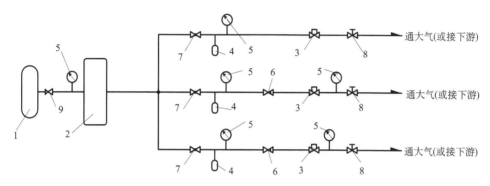

图 7-25　方案三介质为空气演示原理图

1-空压机；2-储气罐；3-爆破膜片；4-喷雾器；5-压力表；6-梭式管道爆破保护阀；7-球阀；8-截止阀；9-减压阀

　　从图 7-25 可以看出：①在演示模型中，动力源由空压机(大气增压)、储气罐、减压阀、压力表等构成；②在演示模型中，三条平行并联的管道由喷雾器、梭式管道爆破保护阀、压力表、球阀、截止阀、爆破膜片等构成；③在演示模型中三条管道分别安全排放在大气中；④在演示模型中的爆破保护阀下游设爆破膜片，便于敲击爆破膜片，演示爆破；⑤在演示模型中添加白色喷雾空气，以便给观众良好的视觉效果。

7.4.2　演示试验过程说明

　　经团队研究试验讨论，最终决定采用以空气为介质的方案在大厅演示，上游压力源是空压机、储能罐，装有空气。模拟煤气输送的末端下游配有喷雾，空气混合喷雾可沿着主管道输送到下游。对主管道上三条并联的管道进行对比试验，最上面的第一条管道不设保护装置，中间一条管道设不透明保护装置，最下面的一条管道设透明保护装置。每条管道均配备一个球阀和一个截止阀，球阀后面安装压力表，截止阀前面安装有模拟煤气管爆破或泄漏的膜片，截止阀后直接通大气，这样可以对应实际的煤气系统，截止阀后会接锅炉、煤气灶等。

　　系统中使用截止阀是为了模拟介质长距离输送的现实应用，而设置爆破膜片的目的是模拟压力管道下游发生爆破或泄漏的情形。通常情况下，爆破膜片是完好的，表示喷雾空气正常传输至下游，清晰可视的喷雾空气会从截止阀后的出口喷出。当模拟主管道下游发生爆破时，将破坏爆破膜片，这时清晰可视的喷雾空气将从两处溢出，除了截止阀后有出口外，还从爆破膜片处爆发或泄漏出。这三条管道是单独进行试验的，最上面的第一条管道的作用是模拟没有安装非能动梭式控制管道爆破保护装置的普通煤气管道爆破事故，系统中的煤气可以用喷雾空气代替。

空气通过压缩机增压后存入储能罐，放出后与白色喷雾混合，打开第一条管道上的球阀后，混合喷雾的空气就沿着第一条管道，经爆破膜片到达截止阀，打开截止阀，混合喷雾的空气就进入大气。

总体上，试验过程可分为三步。第一步，关闭三条管道的三个球阀和三个截止阀，让产生的空气进入储能罐和球阀上游的管网，使其压力达到额定值。第二步，打开第一条管道中的球阀，使压缩空气从储能罐释放出来，与乳白色喷雾混合，经第一条管道正常传输到截止阀，调节第一条管道下游的截止阀，这时可以看到清晰可视的喷雾空气释放出来。第三步，破坏爆破膜片，让喷雾空气泄漏出来。

以上就是通常煤气管道的爆破情形，油气泄漏不仅使得自然资源白白流失，也给人们的生命安全和财产安全带来隐患，甚至造成损失。

从整个试验过程可以看出，演示系统能够有效地模拟煤气管道的正常传输和管道爆破、泄漏时的工作情况。

1. 带保护阀的系统

当煤气传输过程中发生泄漏时，系统可以自动关闭主管道。第二条管道与第一条管道不同，在这条管道上安装有非能动梭式控制管道爆破保护装置。

非能动梭式控制管道爆破保护装置安装在原有压力表和爆破膜片之间，它有两个作用：一是在正常情况下保证管道顺利输送喷雾空气；二是在其下游主管道发生爆破时，也就是爆破膜片破坏的情况下，自动关闭主管道，防止泄漏。

为了便于观察，在梭式管道爆破保护阀后增加了一只压力表。在第二条管道上，仍然通过三个骤来完成演示。第一步，关闭三条管道的三个球阀和三个截止阀，让增压后的空气进入储能罐，使其压力达到 200mm 水柱。第二步，打开第二条管道中的球阀，使压缩空气从储能罐释放出来，与白色喷雾混合，经第二条管道正常传输到截止阀，调节第二条管道下游的截止阀开度，随着开度增加，梭式管道爆破保护装置后的压力表指示数逐渐降低，这时可以看到在单位时间内的白色喷雾空气排出量越来越多（此时不宜开得过大，否则阀门就会关闭）。因为使用的是 2.2N 弹簧，压降需控制在 500Pa 以内。第三步，爆破膜片破坏，喷雾空气不会泄漏出米。

从这个试验可以看出，梭式管道爆破保护阀能够在压力管道传输装置中起到正常时不动作、爆破时自动关闭主管道的作用，为压力管道保护提供了一种可行的技术保障。

2. 带透明阀体的系统

试验步骤与前面相同，在第三条管道上加以演示。第一步，关闭三条管道的三个球阀和三个截止阀，使产生的喷雾空气进入储能罐，其压力达到 200mm 水柱，这时可以看到透明阀体中是白色的，也就是常压下的空气。第二步，慢慢打开第三条管道中的球阀，使压缩空气从储能罐释放出来，与白色喷雾混合后，经第三条管道的梭式管道爆破保护装置,这时可以看到透明阀体中有白色流体慢慢流过阀体,绕过自由梭的四周,继续往后输送,经爆破膜片,到达截止阀。参考装置前的压力表,将球阀的开度调节到上次试验的位置,达到输出压力。慢慢调节第三条管道下游截止阀的开度,白色的喷雾空气就释放进入大气了。参考装置后的压力表,截止阀开度调整到上次试验的位置。第三步,破坏爆破膜片。使用高速摄像机可以查看到透明的管道爆破保护装置在爆破膜片被破坏时的动作,此时自由梭往后移动,伴随响声试验台微微抖动,透明阀体中白色的喷雾空气不再流动。试验图如图 7-26 所示,专家评审会如图 7-27 所示。

(a)

(b)

(c)

(d)

图 7-26　试验图

图 7-27　专家评审会

7.5　非能动梭式管道爆破保护装置的应用

7.5.1　应用场景及设想

非能动梭式管道爆破保护装置已先后应用到实际系统中，相关的应用检测如图 7-28 所示，其适用于特殊环境、特殊工作条件和特殊介质，目前未见失效反馈。

随着全球工业化的推进，管道控制和管道运输已成为现代工业体系的重要组成部分之一。为此，我们设想了基于非能动梭式控制技术的长距离压力管道输送系统模型，供相关领域参考，如图 7-29 所示，其中主要的压力管道阀门以非能动梭式流体控制元件、单元为主，包括非能动梭式控制管道爆破保护装置。该系统可望为那些由于地震、海啸、台风等自然灾害，以及战争破坏等造成的有毒、有害、易燃易爆管道爆炸事故提供全面的保护，有助于防止污染环境和生态破坏，减少压力管道输送对人类生存环境产生的威胁。

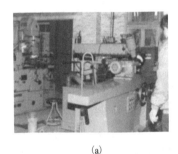  

(a)　　　　　　　　　　(b)　　　　　　　　　　(c)

图 7-28　非能动梭式管道爆破保护装置应用检测情况

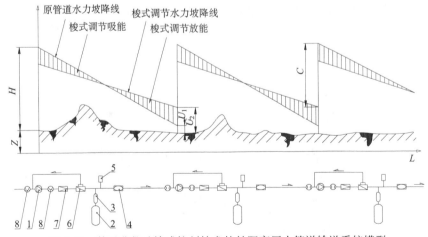

图 7-29　基于非能动梭式控制技术的长距离压力管道输送系统模型

1-输送泵；2-储能罐；3-差流可调梭阀；4-梭式爆破保护阀；5-梭式排气补气阀；6-梭式回流阀；7-梭式止回阀；
8-梭式控制球阀；Z-泵站所在高度；L-输送管道长度；H-泵扬程；C-本站扬程与上站余压之差；
U_1-原管道水力坡降线上站余压；U_2-梭式调节水力坡降线上站余压

美国 AP1000 核电站的非能动安全系统认为非能动是依靠自然力的安全特性,因为它采用重力流、自然循环、对流、压缩空气来实现系统自身驱动的安全系统,不需要泵、风机、柴油机等能动设备。因此,运用非能动原理解决管道控制,应对输送中的事故和灾难,在外设动力和人力失效时可以起决定性作用。

目前,国内外对非能动控制技术的研究主要集中在核电领域,在其他领域,如石油、化工、食品、管道输送等应用很少,未来对管道保护系统的研究趋势如下。

(1)加强压力管道的非能动控制技术与应用,提高系统的可靠性、安全性。

(2)采用非能动控制技术,解决因外加动力源失效而造成事故的问题。

(3)深入非能动控制技术的研究,完善非能动控制技术的理论基础,并以关系国计民生安全的油、气、水等为平台,将其推广到其他领域。

(4)改进管道爆破保护元件和系统的结构设计,成为现有技术失败的备份。

(5)结合管网系统结构设计,结合引接分支管、添加管道阀门、增设三/四通节点等技术,实现在不停气/水的情况下处理管道爆管、改造旧管段、更换旧控制阀、完成原管段迁移等维护工作。

7.5.2　大连新港爆炸事故的思考

针对 2010 年发生的大连油轮卸油管道爆破引发大爆炸事故,基于非能动梭式控制技术在多种特殊环境和介质下可靠应用 30 多年的验证,建议展开“大型油罐进出油管道双向安全保护系统”项目研究,运用非能动梭式流体控制基础元件、单元及系统来解决这个难题,其具体的思路如下。

(1)充分展示在燃烧、爆炸事故造成电力系统损坏,应急和消防设施失效,管道、罐区阀门无法关闭,无外设动力源且无法进行人工干预的极端条件下,采用非能动控制技术靠管道自身压差驱动及时响应、及时切断、及时阻止,实现实时在线紧急切断的优势。

(2)非能动梭式管道爆破保护装置、非能动梭式止回阀、非能动梭式管道应急装置、非能动梭式截止止回阀等非能动梭式流体控制产品在航空煤油储运、核电、石油化工和国防等要求条件最严苛的领域已安全可靠的经验和原理可以借鉴。

(3)充分理解爆炸事故的技术过程,深读现有技术的细节,学习工艺流程及阀门结构原理,领会相关技术条件、标准、法规,读懂设计意图,理解正常管理和失电后的应急技术,检索并对比国际现有相关技术状况。

(4)研制采用非能动控制技术替代现有技术的方案,对比从码头到油罐的每个阀门的优缺点,针对性地给出替代和与现有双密封高精度电动闸阀互为备用的兼容设计对比方案。非能动梭式阀具有压差自力翻转特性,可以保证正常运行或应急保护时的启闭速度总是优先于电动闸阀。力争原有管道系统不变,管道阀门的连接标准基本不变,只更换或增加少数非能动控制阀,其他原则不改变。

(5)对非能动控制技术每个元件进行理论研究、仿真运算、动画演示、模型设计、试验,元件试验检测成功后进行系统试验检测,元件和系统组合后进行缩小比例的真罐爆破失火仿真。经国家安全生产监督管理总局、公安部相关机构组织评价后,申请国内外专利、制定标准规范，从小容量做起，逐步推向大容量，力争全覆盖，进入国际市场。

（6）非能动梭式控制技术是油库油罐系统安全可靠运转的新选择，从非能动梭式控制元件研制开始，已有 2000 多台装置成功应用于航空煤油罐消防和航空煤油输送管道，从北京首都机场、上海浦东机场、广州白云机场等大型机场的使用效果来看，非能动、零泄漏、低流阻、低开启压力是其最大优点，是油库油罐的最佳选择。油库油罐正常工作时，进出油系统的工作压力不高、温度不高、腐蚀性较低、油料黏度较低，从油罐获得的压头足够驱动非能动梭式阀保护。可以在 DN700mm、PN50～200mm 水柱条件下不经放大实现直动式启闭，这种低压控制能力优势突出。

（7）根据单通道管道中的介质流向为单向的系统，专门设计非能动梭式单向管道爆破保护装置、非能动梭式单向止回阀、非能动梭式单向调节阀，可适用于全线不可逆流的系统。

（8）根据单通道管道中的介质流向为双向的系统，专门设计非能动梭式双向管道爆破保护装置、非能动梭式双向止回阀、非能动梭式双向调节阀，适用于具有调度、调节、进出流通管道的系统，随流向的改变实现非能动压差瞬间翻转的控制和保护。

（9）在危化品储运仓库、油库油罐系统分区、层次、主管道、干线、支线节点安装专门设计的非能动梭式管道爆破保护装置，可把泄漏、燃烧、爆炸控制分割在小范围，有利于施救。

7.5.3　城市供水管网应用的思考

1. 城市供水管网常用材料状况

几种主要管材的管径规格如下：①钢管管径一般为 600～2000mm；②铸铁管管径一般为 150～300mm；③球墨铸铁管管径一般为 600～1200mm；④预应力钢筒混凝土管管径一般为 800～4000mm。自来水公司基本上按以上几种管材选择管径。

自来水公司在崇州引水工程中选用的预应力钢筒混凝土管，管径 DN3000～3200mm，长度 5000mm，如图 7-30 所示。

图 7-30　DN3000～3200mm×5000mm 预应力钢筒混凝土管

成都某制管公司生产的 DN3200mm×5000mm 预应力钢筒混凝土管在成都某电厂 2×600MW 燃烧机组循环水系统工程中使用。成都某制管公司与北京管业公司联合生产的 DN4000mm×5000mm 预应力钢筒混凝土管在南水北调工程中使用，如图 7-31 所示。

图 7-31　DN4000mm×5000mm 预应力钢筒混凝土管

2. 供水管网常用管材的故障分析

1) 钢管

因在钢管的材质选用、焊接的管理、内衬里外防腐的质量控制等方面的疏忽，在各城市供水管网中出现过多次爆管，有些还是大直径钢管的爆破。钢管重量较轻、易制造、管件易加工，爆破后的修复工作比较容易，其仍然是大、中直径供水管道中常用的管材。

2) 球铁管

球铁管是球墨铸铁管的简称，是当前供水管网的主导管材，球铁管的壁厚可按壁厚等级系数 K 或压力等级 C 来分级。随着大直径球铁管件铸造水平的提高、防滑胶圈的应用、自锚接口的开发，球铁管已经由小、中直径跨入大直径管道的行列，包括顶管的应用，深受用管单位的青睐，但是在腐蚀条件的土壤中铺设也发生过多次管材腐蚀穿孔及爆破。在埋设过深的环境，常出现接口渗漏的故障。因此，在特殊环境下铺设球铁管时应有对应的技术措施，才能保障管道的安全运行。

3) 预应力钢筒混凝土管

预应力钢筒混凝土管具有水泥压力管和钢管的共同优点，是我国近 20 多年普及的大直径输水管材，管厂有 100 多家，铺设的管道长度已达 15000 多千米。美国是最早应用预应力钢筒混凝土管的国家之一，已有 70 多年的历史，铺设管道长度达 30000 多千米，在管道运行中出现了管材失效、爆破的问题。作者认为，应引以为戒，特别是国内众多的制管厂家及施工单位制造是大直径管道，如果个别厂家制造不规范，安装施工不严谨，会造成很严重的后果，所以建议水泥制品行业应制定规矩，加强管控。但是不应以此否定预应力钢筒混凝土管的应用前景，预应力钢筒混凝土管的应用也应与其他管材一样，需不断总结经验与教训，不断提高管材质量与铺设水平。

4) 聚乙烯给水管

聚乙烯给水管在我国已有 30 多年的应用历史，在小区管道的铺设、非开挖工程的应用及浮沉法穿越江、湖、海的供水工程上均取得了可喜的佳绩。未来的承压聚乙烯给水管的管材将在耐压等级、耐温性能、柔韧性能、加工性能及抗划痕耐慢速裂纹增长性能上有更大的提高。但遗憾的是，国内大部分管厂采用白加黑原料制管，甚至有些管厂非法加注大量回收料来降低制管成本。另外，安管工程单位忽视热熔接口技术，导致接口质量不稳定，加之对该管材热膨胀特性的对策不力，有些城市中的聚乙烯给水管的爆管率偏高。

3. 供水管网存在的爆管问题

管网爆破的元凶是水击，遗憾的是人们往往忽略了这一点。引起水击的原因在于管网构架的设计、输配水的运行管理，包括管内积气的风险，温度骤变，爆管的薄弱环节是管基础的扰动和管的材质。20 世纪 70 年代前后，我国各城市供水管网中大量使用了易爆管材，爆管的"祸首"往往是管的材质，但把爆管的主因全放在管的材质上是不合适的。国内外供水系统中也存在爆管的问题，各类材质的管材均发生过爆管案例。曾祥炜研究员于 1977 年 8 月在期刊《四川建材》发表了"压力管道的水击防治"，强调管网流体动力学研究，设置必要的管道保护装置，建议采用非能动控制的自动阀（不需要附加直流电源和可靠的备用电源），它的调整和动作过程完全依靠管道中流体的压力来自动完成。实践证明，设有流体控制保护装置和管理较好、管材质量控制较严的管网，其爆管概率往往较低。

采用非能动梭式控制管道爆破保护装置，改善管网流体控制技术，注意监测管网的流体参数，加强水击防治，实现大口径及各类管材管网的结构智能化在线不停供水保护。当发生管道爆破时做到及时响应、及时终止、及时切断，防止大流量渲泄影响生产，破坏环境和生态。因此，研究非能动梭式控制管道爆破保护装置，研究非能动梭式控制管道爆破保护装置并实现大口径及各类材质的管网应用，是解决常见爆管问题的新方法。

第8章　非能动梭式控制元件的仿真分析

本章介绍应用 Fluent 软件对梭式止回阀的仿真分析，梭式止回阀是一类典型的、广泛使用的非能动梭式控制元件，主要包括非能动的梭式止回阀与现有技术旋启式、升降式止回阀的流体特性对比，以及梭式止回阀水击过程防护的仿真分析。当然，基于 Fluent 的非能动梭式控制技术仿真在其他地方也有所应用，如第7章非能动梭式控制管道爆破保护系统中的爆破点位置分析，以及第 11 章介绍的梭式列车流场分析，为其他非能动梭式控制技术问题的求解提供借鉴。

8.1　梭式止回阀与现有旋启式止回阀对比

梭式止回阀主要是利用流体通过止回阀产生的压差进行自动开启和关闭，当流体从左端通过止回阀时，会产生一定的压差，当其压差能足够克服弹簧的预紧力时，流体会推动阀芯向右运动，止回阀开启；关闭则是通过流道处的背压和弹簧预紧力来实现，当流体从止回阀右端通过止回阀时，流体产生一定的压差(其作用方向与弹簧压力是一致的)，在压差和弹簧预紧力共同作用下使阀芯向左运动至与密封面结合，止回阀关闭。如果流道处的背压很高，可忽略弹簧预紧力，而当背压趋近于零时，则需靠弹簧复位使止回阀关闭，从而保证在背压很低的情况下也能关闭严密，防止流体倒流。因此，梭式止回阀具有结构紧凑、关闭严密、泄漏量小、流动阻力小、防水击特性好、安装灵活、使用寿命长等特点，已广泛应用于相关领域的工程部门，具有良好的应用前景。在各种工况下可靠运行，与普通止回阀相比，它的性能表现优良，是现有止回阀的理想换代产品。作者通过理论和数值模拟分析其流动特性，同时也为实际应用情况提供理论依据，为开发这一系列止回阀提供理论基础。

8.1.1　原理结构模型

梭式止回阀采用的材料为碳钢或不锈钢，它主要由阀体、阀瓣、弹簧及阀套组成。阀瓣采用双重密封，除端面密封外，周向还有 O 形密封，弥补了一般止回阀密封效果差的缺点。梭式止回阀的阀口在进出口侧流体的压降作用下自动启闭，当流体从进口侧流向出口侧时，由于流体本身产生的压降将阀瓣向后推，阀口打开；关闭靠背压和弹簧预紧力。当背压很高时，可忽略弹簧预紧力；当背压趋近于零时，就靠弹簧复位至关闭。因此，在背压很低的情况下，新型梭式止回阀也能关闭严密，防止流体倒流。

以 DN50mm 为例，梭式止回阀阀瓣的位移为 12.5mm，其流道模型如图 8-1 所示，旋启式止回阀的阀瓣旋起角度为 34°，其流道模型如图 8-2 所示。梭式止回阀的阀瓣是通过直线运动控制其开度的，其阀门内部的流场是轴对称的，同时水流对阀瓣的冲击力相对于整个阀门而言趋于均匀分布。而旋启式止回阀通过其阀瓣的角度旋转来控制阀门的开度，水流对阀瓣的冲击力不对称，会使得整个阀门内部受力不均。

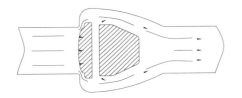 

图 8-1　梭式止回阀的流道模型　　　　图 8-2　旋启式止回阀的流道模型

为了减小模拟分析的误差，保证流场的稳定性，阀门前管道的管长取为 $L_1 = 5D$（D 为管道内径），阀门后管道的管长取为 $20D$，在压差变化不大的前管道区域或后管道区域均采用四边形网格，阀体内腔流动状态复杂，采用非结构网格，比较细密，梭式止回阀在 10%开度下的网格划分如图 8-3 所示，旋启式止回阀在 10%开度下的网格划分如图 8-4 所示。

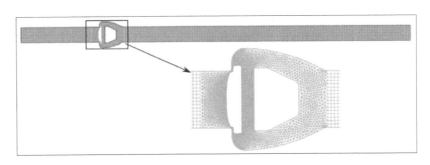

图 8-3　梭式止回阀在 10%开度下的网格划分

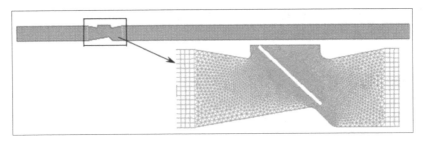

图 8-4　旋启式止回阀在 10%开度下的网格划分

8.1.2　定常流与非定常流仿真分析

1. 定常流仿真分析

利用 Fluent 软件分析梭式止回阀和旋启式止回阀分别在 5%、10%、20%、30%、50%、80%、100%开度下的压降情况，本节所求解的基本方程是不可压缩流动的 N-S 方程，湍流模型采用标准 k-ε 模型，所有方程中的对流项均采用二阶迎风格式离散，离散方程的求解采用求解压力耦合方程的半隐式方法(Simple 算法)。规定进口边界条件为 velocity-inlet，给定管道的进口速度为 1.2m/s，出口边界条件为 outflow(自由流动)。数值模拟结果如下：在 10%开度下，梭式止回阀的压降为 1.74×10^{5}Pa，旋启式止回阀的压降为 1.92×10^{5}Pa。因此，梭式止回阀的压降比旋启式止回阀低。梭式止回阀在 10%开度下的压力云图如图 8-5 所示，旋启式止回阀在 10%开度下的压力云图如图 8-6 所示。由压力云图(图 8-5 和图 8-6)可知，与旋启式止回阀相比，梭式止回阀的压力均匀分布在阀瓣四周。对阀瓣来说，所受的力是轴对称的，在一定的压降条件下，阀瓣沿水平方向运动，不需要外部能源。而在阀腔内没有产生漩涡，阀腔内的压力波动很小，不会产生水击现象。

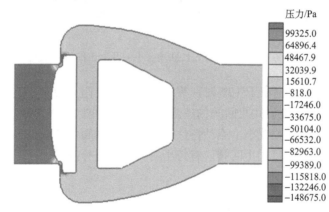

图 8-5　梭式止回阀在 10%开度下的压力云图

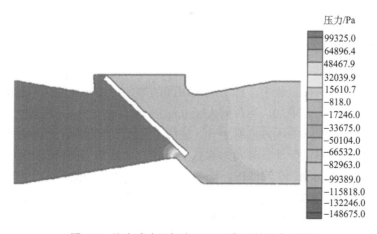

图 8-6　旋启式止回阀在 10%开度下的压力云图

流体通过阀门时，其流阻系数(流体阻力损失)与阀门前后的流体压降有关，其关系式为

$$\xi = \frac{2\Delta p}{v^2 \rho} \tag{8-1}$$

式中，ξ 为流阻系数；Δp 为通过阀门前后的流体的压降(Pa)；v 为流经阀门的流体的速度(m/s)；ρ 为流体的密度(kg/m^3)。

根据 Fluent 分析得出的压降，代入式(8-1)求出流阻系数，其结果如图 8-7 所示。

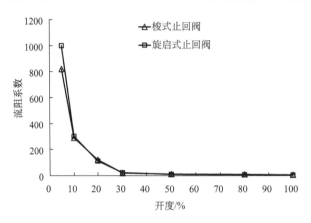

图 8-7　梭式/旋启式止回阀在不同开度下的流阻系数

从图 8-7 可知，开度小于 10%时，梭式止回阀的流阻系数小于旋启式止回阀，特别在阀门开度为 5%时，旋启式止回阀的流阻系数比梭式止回阀大 180。因此，梭式止回阀在开度较小时的流阻系数较小，流动特性好。但是，当阀门开度大于 15%时，梭式止回阀的阻力系数稍大于旋启式止回阀，有待于对其结构进行改进。

2. 非定常流仿真分析

应用 Fluent 软件分析梭式止回阀和旋启式止回阀在启闭过程的流动特性，以 1.2m/s 为入口速度进行定常模拟分析，其结果作为初始条件，匀速开启和关闭阀瓣，启闭时间都为 1s，分析阀瓣启闭过程中压力变化最大点处的压力变化情况。关闭过程从全开状态开始计算，开启过程从全关状态开始计算。动态计算时采用了动网格技术，其分析结果如图 8-8 和图 8-9 所示。

图 8-8 表明，在关闭过程中，随着关闭时间的增加，梭式止回阀和旋启式止回阀压力变化最大点处的压力也增加，当时间大于 0.8s 时(关闭快结束)，梭式止回阀的压力增加不大，而旋启式止回阀的压力急剧上升，最终上升到 24500kPa，差不多是梭式止回阀的 4 倍。在开启过程中，当开启时间为 0.1s 时，梭式止回阀和旋启式止回阀的压力都达到很高值，分别为 117kPa 和 238kPa，即旋启式止回阀的压力是梭式止回阀的 2 倍多。然后旋启式止回阀压力急剧下降，其压力为 68.7kPa，最后逐渐下降。在整个开启过程中，梭式止回阀的压力下降比较缓慢。由此可知，无论在即将关闭还是开启瞬间，旋启式止回阀压力变化最大点处的压力变化较快，而梭式止回阀变化比较缓慢，不会产生很大的

冲击，因此梭式止回阀在启闭过程中具有良好的防水击特性。

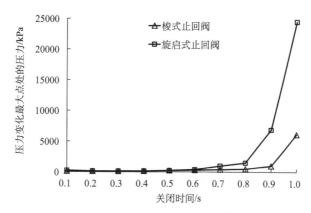

图 8-8　梭式/旋启式止回阀关闭过程中压力变化最大点处的压力变化曲线

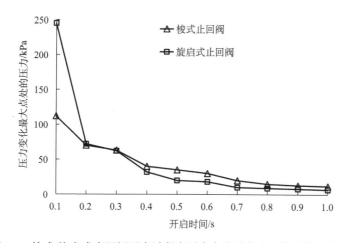

图 8-9　梭式/旋启式止回阀开启过程中压力变化最大点处的压力变化曲线

3. 结论

（1）在阀门开度为 10% 时，梭式止回阀的压降比旋启式止回阀低。梭式止回阀的压力均匀分布在阀瓣四周，阀瓣受力呈轴对称，阀瓣沿水平方向运动，不需要外部能源，且在阀腔内没有产生漩涡，阀腔内的压力波动很小，不会产生水击现象。

（2）在开度较小时，梭式止回阀的流阻系数小，流动特性好。阀门开度小于 15% 时，梭式止回阀的流阻系数小于旋启式止回阀，特别在阀门开度为 5% 时，旋启式止回阀的流阻系数比梭式止回阀大 180。

（3）与梭式止回阀相比，旋启式止回阀压力变化最大点处的压力变化很快，在即将关闭时，约为梭式止回阀的 4 倍；在开启瞬间，是梭式止回阀的 2 倍多。因此，梭式止回阀不会产生很大的冲击，具有良好的防水击特性。

8.2　梭式止回阀与常用升降式止回阀对比

近年来，随着国民经济的快速发展，大中型城市的水质污染和水源短缺现象日益突出，严重制约了我国城镇化进程和经济可持续发展。并且我国幅员辽阔，地域地形的差异较大，长距离、高扬程管道输水缓解了不同区域条件分割的供水局面，是解决该问题的重要手段，如新疆引额济乌工程、江水北调工程、引大入秦工程等。在这些工程中，大部分工程都选择长距离、大口径输送管道，因其具有封闭性好、受环境因素影响小、地形因素限制少等优点。因此，有关长距离、大口径管道输水工程受到全世界各国的普遍重视，国外学者对长距离、大口径输水管道的研究在水击理论和安全防护方面较为丰富。国内学者对长距离、大口径输水管道的设计施工方面的研究多集中在供水方式、选线、管理等。目前，对长距离、大口径输送中止回阀的研究较少，而在整个输送过程中，止回阀是防止流体倒流、确定流体流向、保护整个流体管道输送安全的关键部件，选择合理有效的止回阀，可以有效地防止水击事故的发生，同时解决爆管、设备损坏及泵站淹没等棘手问题。

目前，在长距离、大口径输送过程，所用的止回阀大部分是传统升降式、旋启式、蝶形和隔膜式止回阀，可是在使用过程中，会出现因启闭过快而引起水击现象，本节通过数值模拟，针对中压大口径输送管道系统的基本要求，将梭式止回阀与常用的升降式止回阀的流动特性进行比较分析，以获得梭式止回阀在整个输送过程中的速度、压力和流阻系数的变化规律和分布情况，从而进一步分析其应用条件和特点，为其应用于中压大口径输送工程提供理论依据和支撑。

8.2.1　结构模型

1. 研究对象

升降式止回阀是长距离输送工程中最常用的止回阀，本节以此为基础，通过数值模拟对比分析梭式止回阀在中压大口径输送工程的流动特性。其中，梭式止回阀主要由阀体、阀瓣、弹簧、支撑架等组成，如图 8-10(a)所示。梭式止回阀在管道系统中依靠止回阀进口侧与出口侧两端的压力差实现阀门的自动启闭。若发生流体逆流的情况，出口侧的压强极大，以克服止回阀中心弹簧力的阻力，使弹簧复位，关闭阀门，流体停止流动。阀体内部呈圆筒形，且流道内型线光滑，阀瓣整体模型呈圆筒形，使阀体内部结构与阀瓣巧妙地配合在一起，可在一定程度上提高该梭式止回阀的密封性。止回阀内部空间较大，流体的流通性能高。升降式止回阀如图 8-10(b)所示，其安装位置主要限定在管道的水平方向上，流道呈 Z 形折流，呈圆盘状的阀瓣绕阀座转轴做上下旋转运动，依靠流体在阀内的流动方向实现阀门的自动启闭，与梭式止回阀有类似之处。

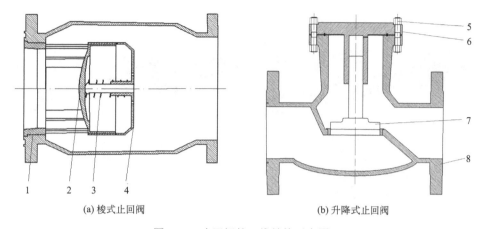

(a) 梭式止回阀　　　　　　　　　　　　　　(b) 升降式止回阀

图 8-10　止回阀的二维结构示意图

1、8-阀体；2、7-阀瓣；3-弹簧；4-支撑架；5-螺母；6-阀盖

2. 物理模型及网格划分

1) 物理模型

采用 Pro/E 软件分别建立 DN250mm 的梭式止回阀和升降式止回阀的物理模型。止回阀内部的小部件对阀体在管道流场中的流动特性不会产生较大影响，忽略不计，且梭式止回阀体内弹簧的预紧力被抵消，在进行流体分析时可以不考虑弹簧的影响。对梭式止回阀和升降式止回阀内部腔道进行简化，分别如图 8-10(a) 和 (b) 所示。

为了减小模拟分析的误差，保证流场的稳定性，控制模拟分析的误差在较小范围，止回阀前端管长取为 $5D$ (D 为管道内径)，止回阀后端管长取为 $20D$，整个计算区域包括止回阀前端管道、后端管道和止回阀，分别如图 8-11(a) 和 (b) 所示。

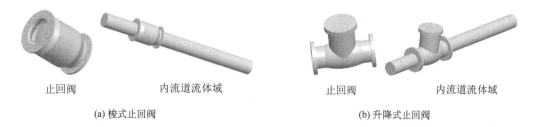

止回阀　　　　　　内流道流体域　　　　　止回阀　　　　　　内流道流体域

(a) 梭式止回阀　　　　　　　　　　　　　　(b) 升降式止回阀

图 8-11　两种止回阀及内流道流体域几何模型

2) 网格划分

相对于梭式止回阀和升降式止回阀的其他部分来说，止回阀的阀腔内部是流动状态复杂，且压力和速度变化较大的部分。为了提高数值模拟运算的收敛性和精度，需对阀腔内部进行加密处理，其他部分设置为较稀疏的网格，以控制网格的总数，提高运算速度。这里选择非结构化网格，限于篇幅，此处仅展示阀门开度为 30% 时两种止回阀体和内流道流体域的网格划分结果，分别如图 8-12(a) 和 (b) 所示。通过网格独立性检验后，在不同开度的情况下，两种止回阀最终采用的网格划分节点数和单元数分别如表 8-1 和

表 8-2 所示。

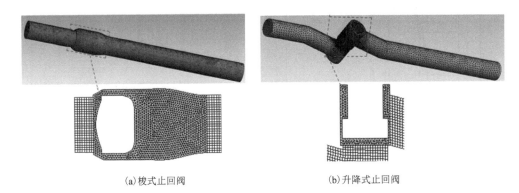

(a)梭式止回阀　　　　　　　　　　　　(b)升降式止回阀

图 8-12　阀门开度为 30%时的网格划分结果

表 8-1　梭式止回阀网格划分节点数和单元数

数量	5%	15%	20%	30%	40%	50%	80%	100%
节点数	42708	32456	35678	26789	24605	25129	28611	25582
单元数	213007	167826	169235	146623	128104	131248	152109	133690

表 8-2　升降式止回阀网格划分节点数和单元数

数量	5%	15%	20%	30%	40%	50%	80%	100%
节点数	45386	520341	52246	49250	50168	50257	49586	51967
单元数	235678	265375	263071	248208	253831	255666	252353	264308

8.2.2　流体特征仿真分析

1. 数值模拟方法与边界条件

1)数值模拟方法

采用 Ansys1 5.0 中的流体动力学分析模块 Fluent 对梭式止回阀和升降式止回阀的内部流场进行定常数值模拟,分析两种止回阀在开度分别为 5%、15%、20%、30%、40%、50%、80%、100%下的内部流动结构、流动损失及流速和压强的分布规律。选用 $k\text{-}\varepsilon$ 湍流模型,且采用一阶迎风格式的离散方法和压力-速度耦合的 Simple 算法进行迭代求解。

2)边界条件

(1)进口边界:根据中压大口径管道输送工况,取流体(水)压强为 3.6MPa,流量为 300m³/h 流入止回阀,进口边界采用 velocity-inlet,流速设置为 2.94m/s,进口压力设置为 3.6MPa。

(2)出口边界:出口边界采用压力出口边界条件,设置为 1atm($1atm \approx 1.01 \times 10^5 Pa$)。

（3）壁面边界：假定壁面材料为绝热体且壁面光滑，采用无滑移壁面。

其他具体的数学模型参见 1.2.7 节。

2. 内部流场分析

止回阀的内部流场特征是决定止回阀工作性能的关键影响因素，在此分析两种止回阀在开度分别为 5%、15%、20%、30%、40%、50%、80%、100%下的速度云图及压力云图。限于篇幅，此处仅展示阀门在开度为 5%、50%和 100%条件下的内部流场分布情况，通过两种止回阀的速度和压力场的比较分析，获得梭式止回阀的流动特性，为中压大口径输送管道的应用提供理论支撑。

1）速度场分析

阀门开度为 5%、50%和 100%时，梭式止回阀和升降式止回阀的流体速度云图如图 8-13 所示，由图可以看出，在整个开启过程，梭式止回阀内部的流体都是沿着阀瓣两侧流道对称流动，所产生最大速度梯度位置没有发生改变，并呈对称特性。而升降式止回阀则随着阀瓣不断开启，流体流动所产生的最大速度梯度从进口段逐渐过渡到出口段，且不对称。这主要是因为梭式止回阀内部阀瓣呈轴对称结构形式，阀瓣与阀体壁之间的结构流线性较好，不会产生较大的冲击，但升降式止回阀的进出口管道为倾斜结构，导致流体对阀体产生较大的冲击力。当阀门开度≥50%时，梭式止回阀流体在开口处的流速较饱满，流通性能相对较好，出口流速较低，流态更平稳。而由于管道倾斜，升降式止回阀的流通性能相对较差一些，出口处出现较大的速度梯度，其主要原因为，梭式止回阀阀瓣与阀体壁之间的结构进行了流线性优化，具有良好的轴对称性，因此减少了流体在阀瓣周围的冲击损失，降低了水流冲击阀瓣的噪声，提高了止回阀的防水击特性。

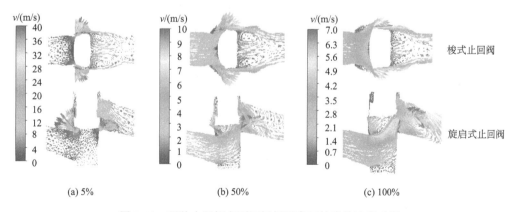

图 8-13　两种止回阀在不同阀门开度下的流体速度云图

梭式止回阀和升降式止回阀的轴向（与流体流动方向一致）速度和径向（距离阀瓣底部 0.02m 截面处）速度对比结果如图 8-14 所示。由图 8-14（a）可知，当阀门开度为 5%时，轴向速度变化规律如下：①梭式止回阀和升降式止回阀的轴向速度曲线波动较大，阀门开度小，阀芯入口处较狭窄，流通面积小，导致流体流过通道的速度梯度较大；②与升降式止回阀相比,梭式止回阀的速度梯度明显降低,其最大速度约为升降式止回阀的 0.45 倍,升降式止回阀在距离进口 0.0845m 处出现了最大速度,已达到 19.5m/s,速度变化剧烈,回流现象显著;③沿着流体流动方向,两种止回阀的轴向速度呈现出波浪变化,在此过程中,升降式止回阀呈现出 3 个波峰,且在阀瓣两侧的速度波动较大,容易造成阀瓣损伤;而梭式止回阀呈现 2 个波峰,即出现在阀瓣前后两侧,速度波动都比升降式止回阀小,速度突变趋于平缓。同时可以看出,在阀门开度大于 50% 以后,两种止回阀的流体速度都逐渐降低,趋于平稳,但在相同阀门开度下,梭式止回阀内流体的轴向速度和速度梯度都远小于升降式止回阀,这说明梭式止回阀对轴向速度波动的控制具有明显效果,它能够有效缓解关阀导致的水击现象。

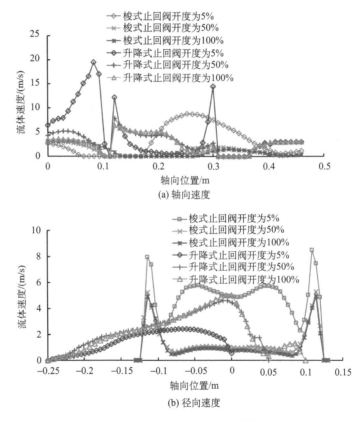

图 8-14　两种止回阀在不同阀门开度下的轴向和径向速度

由图 8-14(b)可以看出,梭式止回阀的径向速度沿径向分布具有较好的对称性,表现为在阀瓣处速度较低,阀瓣两侧接近阀体壁面处的速度较高,其值相差不大。然而升降式止回阀的径向速度沿径向分布不再具有对称性,随着径向位置的增加,速度先增加再减小,这主要是因为梭式止回阀的结构是轴对称的,流体流动自然,呈现出较好的对称性,而升降式止回阀的进出口管道为倾斜结构,很难使流体流动呈现对称性。除此之外,在阀门开度为 5% 时,流动阻力大,导致梭式止回阀的径向速度波动大。而随着阀门开度的增加,梭式止回阀中间部位的速度逐渐趋于均匀平稳,回流现象减少,流通性变好。

2）压力场分析

不同阀门开度下的压力云图如图 8-15 所示，由图可知，梭式止回阀的流场压力呈轴对称分布，随着阀门开度的增加，梭式止回阀的阀门前侧低压区范围减小，压力逐渐趋于均匀，而升降式止回阀的流场压力分布都不均匀。由于流道为倾斜结构，当阀门开度为 100% 时，在升降式止回阀出口流道内出现明显的局部低压区，产生了较大的压降，从而出现较大的局部阻力，流体对壁面产生较大的冲击力，使得阀瓣发出噪声，防水击性能变差。

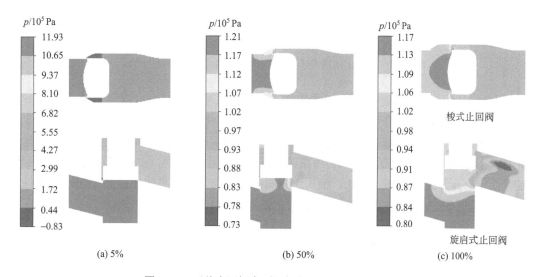

图 8-15　两种止回阀在不同阀门开度下的压力云图

综上所述可知，相对于升降式止回阀来说，流体在梭式止回阀中的速度和压力分布更均匀，速度梯度和压力梯度都具有良好的对称性，不会产生较大的冲击，不仅会降低水流冲击阀瓣的噪声，还可以提高止回阀的防水击特性，这说明在中压大口径管道输送过程中，梭式止回阀对速度和压力波动的控制具有明显效果，回流现象少，流通性好，能够有效避免关阀导致的水击现象。

3. 流阻系数分析

根据 Fluent1 软件的模拟分析结果可知，随着阀门开度逐渐增加，流体速度及阀门前后压降都有相应的变化，使得与流速和压降相关的流阻系数产生变化。流阻系数反映了止回阀对流过流体的阻止能力，其值的大小取决于止回阀流体流动的体腔与形状、横截面面积等。

根据分析得到的不同阀门开度下的梭式止回阀与升降式止回阀的进出口压差，获得相应的流阻系数，其变化曲线如图 8-16 所示。

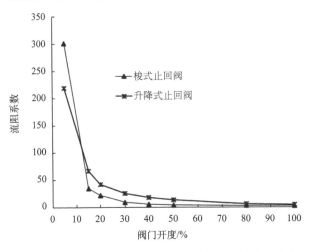

图 8-16　两种止回阀在不同阀门开度下的流阻系数变化曲线

从图 8-16 可知，随着阀门开度的增加，进出口压差逐渐减小，流阻系数不断减小，并且逐渐趋于平稳，这符合阀门开启时的流阻系数变化规律。在阀门开度为 5%～15% 时，流阻系数下降最显著，尤其是在阀门开度为 5% 时，梭式止回阀的相对降低量为 88.4%，比升降式止回阀高 18.9%。而在阀门开启的整个过程中，梭式止回阀的流阻系数都明显小于升降式止回阀。因此，梭式止回阀的流动特性好，有效地提高了防水击特性，基本满足了中压大口径管道输送过程中对止回阀的技术要求。

4. 结论

(1) 相对于升降式止回阀，流体在梭式止回阀中的速度和压力分布更均匀，梭式止回阀的速度梯度明显降低，其最大速度约为升降式止回阀的 0.45 倍，且具有良好的对称性，不会产生较大的冲击，降低了水流冲击阀瓣的噪声，提高了止回阀的防水击特性。

(2) 在阀门开度为 5%～15% 时，流阻系数下降显著，尤其是在阀门开度为 5% 时，梭式止回阀的相对降低量为 88.4%，比升降式止回阀高 18.9%。而在阀门开启的整个过程中，梭式止回阀的流阻系数都明显小于升降式止回阀，基本满足了中压大口径管道输送过程中对止回阀的技术要求。

8.3　梭式止回阀水击过程防护的仿真分析

止回阀是用于管路系统的自动阀门，在介质顺流时开启、逆流时关闭，主要作用是防止介质倒流，避免泵及驱动机械的反转。按关闭件与阀座的相对位移方式，止回阀可分为升降式、旋启式、蝶形式和隔膜式四大类。以上传统止回阀在启闭时有一个共同特点：过快的启闭会在止回阀附近引起瞬间的液体压力波动，即水击现象，其峰值通常能够达到管道正常压力的 6 倍以上，还会因为反射水击波使系统发生严重振荡。Kaliatka 等在 RELAP5 核电站和 RBMK-1500 反应堆进行分析时也发现水击主要发生在快速关闭的止回阀上。为了弥补以上缺点，方本孝等在传统蝶形止回阀的基础上，提出了采用空球形阀瓣和流线型阀体的流道改进措施；谢吉兰和陈再富等将普通旋启式止回阀的阀板进行了改进。除此之外，一些研究人员研制出了新型止回阀，如防水击节能型蝶形止回阀、旋启缓冲式止回阀、缓闭止回阀、升降式缓闭止回阀、核级自然循环系统止回阀、限流止回阀、新型多通道球形止回阀等。但大部分止回阀还是存在如下不足：在急速流动中，流动阻力和惯性阻力较大，当管路流体输送条件发生变化时，阀座产生定时误差，以及因逆流引发的冲击，带来了噪声，且流阻过大。因此，寻找一种新型的在快速启闭时具有防水击特性的止回阀，具有较大的现实意义。为了使梭式止回阀能广泛应用于化工、机场、海上石油、核电站和潜艇等领域，还需对梭式止回阀在压力管道系统中应用的水击防护特性进行研究，本节以设有梭式止回阀的简单管道和停泵输水管道两种水力过渡过程进行分析。

8.3.1　水力过渡过程的数学模型

1. 水击方程和特征线方程

水击现象发生在水力过渡过程中，是一种特殊的非恒定流，因此可在非恒定流微分方程组的基础上，根据梭式止回阀的结构特点和工作原理进行具体处理，从而推导出完整的梭式止回阀水击数学模型。非恒定流微分方程组包括运动方程和连续方程，分别如式(8-2)和式(8-3)所示。

运动方程：

$$g\frac{\partial H}{\partial x}+v\frac{\partial v}{\partial x}+\frac{\partial v}{\partial t}+\frac{f}{2D}v|v|=0 \tag{8-2}$$

连续方程：

$$\frac{\partial H}{\partial t}+v\frac{\partial H}{\partial x}-v\sin\theta+\frac{a^2}{g}\frac{\partial v}{\partial x}=0 \tag{8-3}$$

式中，f 为管道的流阻系数；H 为产生水击时管道中的测压管水头(m)；v 为管道产生水击时流体的流速(m/s)；D 为管道的内径(m)；g 为重力加速度(m/s²)；x 为水击波传播路程(m)；t 为时间(s)；a 为水击波在管道中的传播速度(m/s)；θ 为梭式止回阀中心与水平线的夹角。

有关水击波的研究有着悠久历史，并形成了多种计算方法，常用的有特征线法、有限差分法、有限元法和有限体积法，其中数值计算方法中的特征线法有许多优点，已广泛应用于编程计算分析。在此，按照特征线法对非恒定流偏微分方程[式(8-2)和式(8-3)]进行求解。为了方便编程分析计算，再根据图 8-17(图中，P 为待求点，A 和 B 为与待求点的邻点，C^+ 为待求点与邻点之间的差

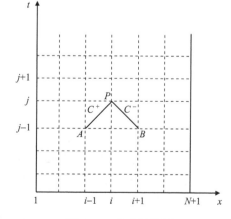

图 8-17　差分网格图

值量，N 为差分网格数)写为差分形式，得到任意 P 点的压头和流量的计算式，如式(8-4)和式(8-5)所示。

$$H_{P_i} = C_P - BQ_{P_i} \tag{8-4}$$

$$H_{P_i} = C_M + BQ_{P_i} \tag{8-5}$$

式中

$$C_P = H_{i-1} + BQ_{i-1} - RQ_{i-1}\left|Q_{i-1}\right| \tag{8-6}$$

$$C_M = H_{i+1} - BQ_{i+1} + RQ_{i+1}\left|Q_{i+1}\right| \tag{8-7}$$

$$R = \frac{f\Delta x}{2gDA^2} \tag{8-8}$$

式中，下标 i $(1,2,3,\cdots,N+1)$ 为前一时刻已求得的第 i 个截面；下标 P 为待求点；B 为阻抗，$B = a/(gA)$，A 为管道断面面积(m^2)。

2. 边界条件方程

1) 梭式止回阀

为了方便分析计算，假设梭式止回阀发生水击时，阀芯在瞬间关闭，则取梭式止回阀的中心点水平面作为基准面时，通过梭式止回阀的流量为

$$Q_{P_0} = C_a A_g \sqrt{2gH} \tag{8-9}$$

式中，Q_{P_0} 为边界上的流体流量(m^3/s)；C_a 为梭式止回阀的开启面积(m^2)；A_g 为流量系数，取为 $A_g = 0.62$。

压降与压头之间的关系为

$$H_{P_0} = \frac{\Delta p}{\rho g} \tag{8-10}$$

式中，H_{P_0} 为边界上的压头(m)；Δp 为流体通过梭式止回阀产生的压降(Pa)；ρ 为流体的密度(kg/m^3)。

式(8-9)和式(8-10)为梭式止回阀的边界条件方程。

接下来，仍然采用 Fluent 软件对梭式止回阀的前后压降进行分析，以便得到流体流过梭式止回阀的压头，建立梭式止回阀的边界条件。梭式止回阀前端管长取为 $5D$ (D 为管道内径)，梭式止回阀后端管长取为 $20D$。采用 Fluent 软件的前处理网格生成软件 Gambit 建立三维模型，计算区域都采用非结构网格进行网格划分，并对阀腔内进行局部加密。模拟的流体为常温水，止回阀的进口边界采用 velocity-inlet，流速设置为 1.2m/s，出口边界设置为 outflow，通过 Fluent 软件数值分析 DN50mm 梭式止回阀在不同阀门开度下的阀腔内的压力变化情况，得到不同阀门开度下水流过梭式止回阀的前后压降，然后根据式(8-10)计算可得到相应的压头 H_{P_0}，如表 8-3 所示，把表 8-3 中的压头值代入式(8-9)就可得到在不同阀门开度下通过梭式止回阀的流量。

表 8-3　不同阀门开度下梭式止回阀的压降和压头

阀门开度/%	压降/Pa	压头/m
5	6.12×10^5	62.39
10	1.74×10^5	17.74
20	6.62×10^4	6.75
30	3.60×10^4	3.67
50	1.42×10^4	1.45
80	5.84×10^3	0.60
100	4.58×10^3	0.47

2) 水库端

上游为大水库时，在很短的瞬间内，一般都认为其水力坡度线高度不变，则有

$$H_{P_0} = H_{\text{res}} \tag{8-11}$$

式中，H_{res} 为水库水面至基准面的高度 (m)。

上游水库的流量则采用负特征方程进行计算，即

$$Q_{P_0} = \frac{H_{\text{res}} - C_M}{B} \tag{8-12}$$

式中，C_M 为待求点 P 向前差分的点值。

式 (8-11) 和式 (8-12) 为上游水库端的边界条件方程。

3) 水泵端

根据等速运行的离心泵特性曲线和水击特征线方程可以得到离心泵流量计算方程，即

$$Q_{P_0} = \frac{(B-b) + \sqrt{(b-B)^2 - 4\left(a - \dfrac{\xi_1}{2gA}\right)(c - C_M - h_s)}}{2\left(a - \dfrac{f}{2gA}\right)} \tag{8-13}$$

式中，a、b、c 为表征离心泵特性曲线的常数项；ξ_1 为离心泵的流阻系数；h_s 为离心泵的吸水高度 (以泵轴中心线为基准面)。

根据水击特征线方程，离心泵的压头为

$$H_{P_0} = C_M + B Q_{P_0} \tag{8-14}$$

式 (8-13) 和式 (8-14) 为水泵端的边界条件方程。

8.3.2　水力过渡过程的仿真分析

本节通过设有梭式止回阀的简单输水管道 (简称简单输水管道) 和泵出口设有梭式止回阀的停泵输水管道 (简称有阀停泵输水管道)，这两种水力过渡过程来分析梭式止回阀

的水击防护特性,采用 Fortran 编程实现计算分析,并利用常规迭代法求解梭式止回阀水击数学模型的线性方程[式(8-4)～式(8-8)和相应的边界条件],其中简单输水管道的第一种水力过渡过程所需的边界条件方程为式(8-9)～式(8-12);有阀停泵输水管道所需的边界条件方程为式(8-9)～式(8-14)。

1. 简单输水管道

简单输水管道物理模型主要由上游(水位恒定的水库)和下游(梭式止回阀)构成,如

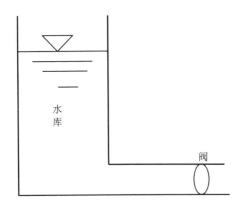

图中所示。这种工况是理想的,但在实际生活中这种工况是不存在的,只能在实验室出现,计算这类理想的工况的目的是分析梭式止回阀在不同关阀时间下的管道系统中水击压头的变化情况,得到关阀时间对管道系统中水击压头的影响。

相关参数取值如下:水击波速为1200m/s,管道直径为 0.05m,水库端水位为 100m,管道的流阻系数为 0.0202,计算时长为 20s,每个时间步长为 0.1s,管道的长度为 480m,流体流速为 1.2m/s,关阀时

图 8-18　简单输水管道物理模型

间为 1s、2s 和 3s(均是匀速直线关阀),截面为水库端截面、管道中心点截面和梭式止回阀进口截面。

在关阀时间分别为 1s、2s 和 3s 时,水库端截面、管道中心点截面和梭式止回阀进口截面处的水击压头波动变化曲线如图 8-19 所示,由图中可以看出,在所有的关阀时间中,水库端截面的水击压头都是 100m,没有发生变化,这主要是因为水库端水位在计算过程中是恒定不变的。而在管道中心点截面和梭式止回阀进口截面处的水击压头则产生了较大的波动,其中水击压头波动最大值发生在梭式止回阀进口截面处,且水击压头波动的幅度随着水击计算时间的增加而不断减小。因此,在梭式止回阀的实际应用中,需着重对进口截面处进行结构优化,以达到更好的水击防护特性。

在关阀时间为 1s、2s 和 3s 时,梭式止回阀进口截面处最大水击压头的变化曲线如图 8-20 所示。由图中可以看出,随着关阀时间不断地增大,最大水击压头先快速降低然后缓慢减小。经计算,当关阀时间从 1s 延长到 2s 时,最大水击压头减小了 31.3%;而从 2s 延长到 3s 时,最大水击压头仅减小了 7.4%。因此,为了达到较好的水击防护特性,梭式止回阀关闭时间应在 2～3s 为宜。需特别说明的是,最大水击压头的数值计算值与简单理论计算结果存在一定误差,其具体的原因有待进一步的研究。

2. 有阀停泵输水管道

在实际工况中,因某一设备故障停泵而导致的水击事故相对较多,所以计算停泵水击具有很大的实际应用意义,其物理模型如图 8-21 所示。

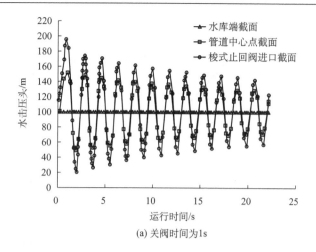

(a) 关阀时间为1s

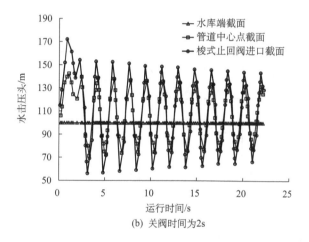

(b) 关阀时间为2s

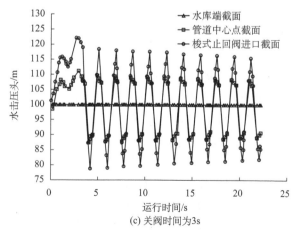

(c) 关阀时间为3s

图 8-19　简单输水管道截面处的水击压头变化曲线

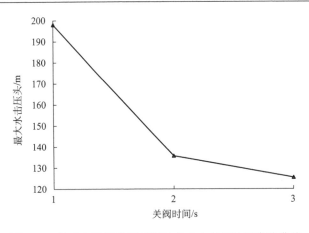

图 8-20　梭式止回阀进口截面处最大水击压头的变化曲线

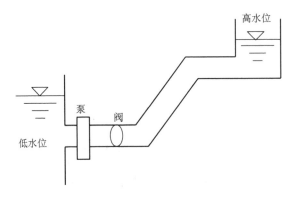

图 8-21　有阀停泵输水管道物理模型

选用 IS65-50-125 型泵,其参数如下:离心泵特性曲线的常数项 $a=19.795$、$b=1.587$、$c=-0.788$,额定转速为 1450r/min,额定流量为 12.5m³/h,额定扬程为 5m,转动惯量为 0.4kg·m²,额定转矩为 411.4kg·m,比转速为 90r/min。管道参数如下:管道长度为 480m,流阻系数为 0,管道直径为 0.05m,水击波速为 1200m/s。计算参数如下:管道分为 4 段,计算时间为 20s,高水位为 5m,低水位为 0m。

在不同的水击计算时间下,梭式止回阀泵出口处的实际流量与额定流量比值的变化情况如图 8-22 所示,从图中可以看出,在关阀时间为 1s 时,开始出现倒流现象,直至关阀时间为 3s。而当关阀时间等于 3s 时,泵的实际流量变成零,梭式止回阀完全关闭,然后逆流量也基本为零,可以防止泵飞逸反转。因此,梭式止回阀也可以实现在管道流体正向流动时打开,而逆流时可在 3s 内使阀芯关闭。

在不同的水击计算时间情况下,泵出口处水击压头的变化情况如图 8-23 所示,从图中可以看出,当水击计算时间小于 3s 时,即在梭式止回阀关闭的过程中,泵出口处的水击压头随着阀门的关闭而不断降低,具有较好的水击防护特性。除此之外,当阀完全关闭(3s)后,管道内的水击压力在管道内来回传播,但水击压头的大小基本不变,这主要是因为没有考虑管道的流阻系数。

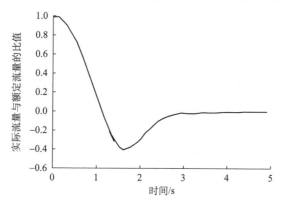

图 8-22　梭式止回阀泵出口处的实际流量与额定流量比值的变化情况

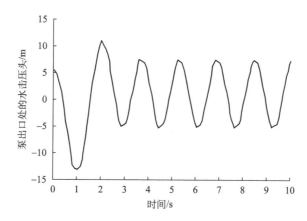

图 8-23　梭式止回阀泵出口处的水击压头变化情况

3. 结论

(1) 最大水击压头都发生在梭式止回阀进口截面处，且随着关阀时间不断增大，其最大水击压头先快速降低后缓慢减小，当关阀时间从 1s 延长到 2s 时，最大水击压头减小了 31.3%；从 2s 延长到 3s 时，最大水击压头仅减小了 7.4%。因此，为了达到较好的水击防护特性，梭式止回阀关闭时间应在 2~3s 为宜。

(2) 在关阀时间为 1s 时，开始出现倒流现象，直至关阀时间为 3s。当关阀时间等于 3s 时，泵的实际流量变成零，梭式止回阀完全关闭，然后逆流量也基本为零，可以防止泵飞逸反转。

(3) 水击计算时间小于 3s 时，即在梭式止回阀关闭的过程中，泵出口处的水击压头随着阀门的关闭而不断降低，具有较好的水击防护特性。

(4) 在梭式止回阀的设计中可以考虑调节结构，提高水击防护特性。

第9章　非能动梭式控制元件的试验分析

本章选择非能动梭式二通双向控制元件、非能动梭式控制管道爆破保护装置、非能动梭式控制球阀、非能动梭式止回阀等进行试验分析，其中非能动双向管道爆破保护装置试验可为其他非能动梭式控制元件试验提供参考。

9.1　梭式二通双向控制元件

9.1.1　检测样机信息

非能动梭式双向调节阀——差流可调梭阀(手动液压类)样机检测的基本信息如表9-1所示，检测单位为中国航天科工集团公司第三研究院159厂，属于国家一级计量单位。

表 9-1　差流可调梭阀(手动液压类)样机检测基本信息

项目		ZXW-F1	ZXW-F3	ZXW-F4
规格型号	DN	10mm	25mm	50mm
	PN	32MPa	1.0MPa	1.6MPa
数量		1	1	1
生产厂家		四川化工机械厂有限公司		
生产时间		1990 年 7 月		
执行标准		通用技术条件《气动调节阀》(GB 4213—2008)		
		《阀门检验通则》(JIS B2003—1974)		
		《差流可调梭阀(手动液压类)样机检测任务书》		
检测项目		耐压强度试验		
		泄漏试验		
		最低启动压力试验		
		频率响应试验		

9.1.2　试验及检测内容

1. 试验及检测依据

(1)根据国家标准进行常规检测。

(2)根据《差流可调梭阀(手动液压类)样机检测任务书》进行动态试验。

2．试验及检测目的

通过对差流可调梭阀(手动液压表)的结构参数和性能参数进行检测，考核各项指标是否符合有关技术文件规定的要求，以及各项指标所达到的水平。

3．检测日期

(1)1990 年 8 月 28 日，外观、尺寸、组装检查。
(2)1990 年 8 月 29 日，耐压强度试验。
(3)1990 年 9 月 1 日，泄漏试验。
(4)1991 年 10 月 11 日，动态试验。

4．试验及检测条件

(1)环境温度为 15～25℃，相对湿度为 20%～40%，大气压力为 0.1MPa。
(2)流体介质为水，密度为 1.0g/cm³，温度为 10℃。
(3)试验设备包括试验架、泵及操作台，仪器为压力表和流量计，工具采用精度为 0.02mm 的卡尺。

9.1.3　检测结果

1．耐压强度试验结果(表 9-2)

表 9-2　耐压强度试验结果

项目		ZXW-F1	ZXW-F3	ZXW-F4
测试压力 0.1MPa		500mm	15mm	25mm
测试时间/min		5	5	5
测试结果	开度为 100%	无泄漏 无损坏	无泄漏 无损坏	无泄漏 无损坏
	开度为 80%	—	—	—
	开度为 50%	—	—	—
	截止	—	—	—
备注				

2．泄漏试验结果(表 9-3)

表 9-3　泄漏试验结果

项目		ZXW-F1	ZXW-F3	ZXW-F4
测试压力 0.1MPa	正向	500mm	15mm	25mm
	反向	500mm	15mm	25mm

续表

项目		ZXW-F1	ZXW-F3	ZXW-F4
测试时间/min	正向	5	5	5
	反向	5	5	5
测试结果	正向	无泄漏	无泄漏	无泄漏
	反向	—	—	—
备注				

3. 动态试验

(1)最低启动压力试验结果如表 9-4 所示。

表 9-4　最低启动压力试验结果

项目	ZXW-F1	ZXW-F3	ZXW-F4
正向启动压力/MPa	0.01	0.008	0.009
反向启动压力/MPa	0.01	0.008	0.009

(2)频率响应试验结果如表 9-5 所示。

表 9-5　频率响应试验结果

项目		ZXW-F1	ZXW-F3	ZXW-F4
正向流通压力 0.1MPa	A 端	2.0s	2.0s	2.0s
	B 端	1.0s	1.0s	1.0s
反向流通压力 0.1MPa	A 端	1.0s	1.0s	1.0s
	B 端	2.0s	2.0s	2.0s
正反向交替流通频率/(次/min)		手动控制 60	手动控制 60	手动控制 60
柱塞响应频率/(次/min)		60	60	60
备注		由于手动控制，交替频率受限		

4. 检测结论

所检样机的材料、尺寸、组装、性能指标均符合 GB 4213—2008、《差流可调梭阀(手动液压类)样机检测任务书》的规定及设计图纸要求。

9.2　非能动梭式控制管道爆破保护装置试验

非能动梭式控制管道爆破保护装置分为直动式、通球式、自力通球式和完全非能动式，统一分为两代，第一代为中小直径梭式管道爆破保护装置，全封闭、非能动，DN

为 50～300mm；第二代为完全非能动装置，DN＞300mm，适用于高压、大口径输送保护，其工作原理如图 9-1 所示。可通清管器的大口径管道爆破保护装置的工作原理如图 9-2 所示。第一、二代非能动梭式控制管道爆破保护装置的三维模型如图 9-3～图 9-5 所示。

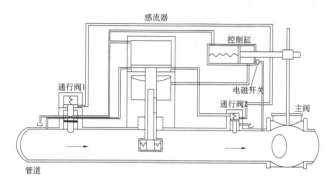

图 9-1　高压、大口径管道爆破保护装置

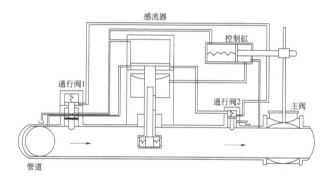

图 9-2　可通清管器的大口径管道爆破保护装置

图 9-3　轴向流入、流出式（非能动、手动、电驱型）

图 9-4　辐向流入、流出式（非能动、手动、电驱型）

图 9-5　大口径，非能动、手动、电驱型(右图可通球)

管道的保护靠非能动控制实现，整个系统仍以球阀或闸阀为主体结构，通过加配梭式控制元件、通行控制及感流器等元件，实现无外设动力源的爆破保护智能单元，可独立存在，也可与已原有控制系统、VSAT、SCADA 等系统兼容，实现全自动管道清洁。

梭式管道爆破保护装置的原理：利用管道爆破瞬间流速的突变，使保护装置两端产生压差突变，实现紧急切断。该装置可以判断正常流量的增加和管道爆破的突增，通过多年模拟试验和工业运行试验，可以根据工况的实际情况，通过试验确定管道爆破值。为防止关闭管道过快而引起的再爆破，可以为该装置增加缓闭功能，从而保证管道爆破保护的可靠性。

9.2.1　试验过程

在研制过程中，试验先后设置了缓冲器、调节器，把装置关闭时的压力升高控制在许可范围，由此设计了 4 种结构分别进行试验和选择。

1.A 型梭式管道爆破保护装置

A 型梭式管道爆破保护装置示意图如图 9-6 所示，阀芯内设有缓冲器，当阀芯关闭时可以减缓关闭时间。该结构可以利用阀芯内的缓冲器减缓阀瓣关闭速度，使水击产生的压力降到最低点，图 9-7 为其水击压力波形，其中流速为 1.4m/s，水击压力为 0.05MPa。

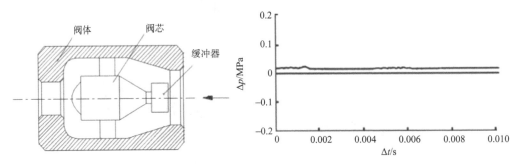

图 9-6　A 型梭式管道爆破保护装置示意图　　图 9-7　A 型梭式管道爆破保护装置水击压力波形

2. B 型梭式管道爆破保护装置

B 型梭式管道爆破保护装置示意图如图 9-8 所示，该结构在阀体留有泄压孔，由阀前向阀后泄压，中间连接一个调节阀，泄压后自动关闭。当阀芯关闭时，瞬时压力突然升高，通过泄压孔泄出部分压力(调节阀泄压滞后 3s 后自动关闭)，会使水击产生的压力降低一部分。图 9-9 为其水击压力波形，其中流速为 1.4m/s，水击压力为 4.55MPa。

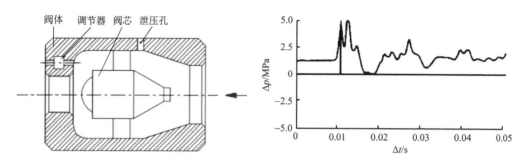

图 9-8　B 型梭式管道爆破保护装置示意图　　　图 9-9　B 型梭式管道爆破保护装置水击压力波形

3. C 型梭式管道爆破保护装置

C 型梭式管道爆破保护装置示意图如图 9-10 所示，该结构综合前两种结构形式，又增加了过渡带，在阀座增加了反向流，缓闭阀芯关闭运动速度，同时又能通过阀体泄压孔泄掉一部分压力，使产生的水击压力降到最低点。图 9-11 为其水击压力波形，其中流速为 1.4m/s，水击压力为 0.05MPa。

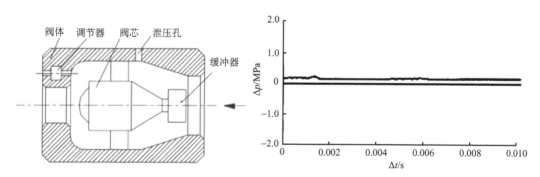

图 9-10　C 型梭式管道爆破保护装置示意图　　　图 9-11　C 型梭式管道爆破保护装置水击压力波形

4. D 型梭式管道爆破保护装置

D 型梭式管道爆破保护装置示意图如图 9-12 所示，阀芯内未设缓冲器，阀体上未设泄压孔，中间未接调节器。阀门关闭迅速，但压力升高突增，不安全，图 9-13 为其水击压力波形，其中进口流速为 1.22m/s、出口流速 1.24m/s，水击压力为 7.3MPa。

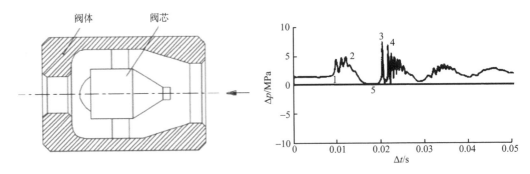

图 9-12　D 型梭式管道爆破保护装置示意　　　图 9-13　D 型梭式管道爆破保护装置水击压力波形

9.2.2　试验结果

从试验结果可以看出，正常运行时，流量变化很小。设定爆破保护流量值为 35m³/h，试验结果如表 9-6 所示，数据表明，流量值设定后，其变化范围为 0~3%，误差小于 3%。

表 9-6　爆破保护流量值试验结果

序号	p_1/MPa	p_2/MPa	p_1-p_2/MPa	Q/(m³/h)
1	1.60	0.3	1.30	35.0
2	1.60	0.3	1.30	34.5
3	1.60	0.0	1.60	34.0
4	1.55	0.0	1.55	35.0
5	1.55	0.0	1.55	34.5

注：p_1 为保护装置进口压力；p_2 为保护装置出口压力；Q 为保护装置流量值。

结果表明，C 型结构最合理。除 A、B、C 型结构外，为了对照，也在水击试验中考虑了 D 型（无缓闭和无泄压）结构，由 4 种水击压力波形曲线获得的参数列于表 9-7。

表 9-7　梭式爆破保护装置水击试验结果

结构	水击压力 Δp/MPa	流速/(m/s)
A 型	0.05	1.4
B 型	4.55	1.4
C 型	0.05	1.4
D 型进口	7.3	1.22
D 型出口	0.156	1.24

从表 9-7 中可以看出，C 型（缓闭、泄压）结构产生的水击压力最小。D 型进口前（无缓闭泄压）结构产生的水击压力最大，对输送管道产生破坏作用，必须采用缓闭和泄压结构才能满足使用要求。

9.3 非能动梭式控制球阀试验

梭式控制球阀是实现管道自动化控制的一个重要基础元件，该阀的驱动装置，即气动(液压)系统能进一步提高主阀的调节精度和启闭的安全可靠度，并扩大调节范围。构成阀驱动系统的主要元件是非能动梭式二通双向控制元件——差流可调梭阀，其自动控制球阀启闭时间的功能不仅能防止管道输送液体时因启闭过快产生水击现象，还可确保管道输送气体时稳定运行。

差流可调梭阀可在单通道中实现双向差流、双向节流、双向交替逆止、双向截止、双向恒流、单向节流、单向逆止等功能，作为梭式控制球阀的主要构件，它仅使用双向节流和双向差流两种功能，其工作原理如图 9-14 所示。

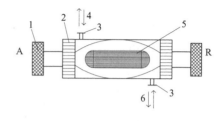

图 9-14　差流可调梭阀原理
1-旋钮；2-调节器；3-连接法兰；
4-进口流向；5-自由梭；6-出口流向

从图 9-14 可以看出，差流可调梭阀主要由阀体梭腔、梭腔两端连通的两个进出口、旁通道、梭腔内的梭形阀芯及梭腔两端调节手柄控制梭形阀芯行程的两个控制件组成。梭形阀芯的位置通过比例电磁铁控制，能方便地与数字式自动控制系统结合，实现总线控制。流体的压差力能使梭形阀芯发生位移，获得双向流动，实现逆向流。通过对梭形阀芯位置的控制，可调节进、出口的流量，从而控制球阀的启闭速度。结构简单、密封性好、灵敏度高是差流可调梭阀的主要特点。

9.3.1　试验过程

选用 DN100mm、PN1.6MPa 的梭式控制球阀，其气动头型号为 AW13，气动头的启闭时间为 2s，气动头动力气源压力为 0.4～0.7MPa。将水作为试验介质，流量为 50～100m³/h，水温为 25℃，梭式控制球阀试验装置示意图如图 9-15 所示。

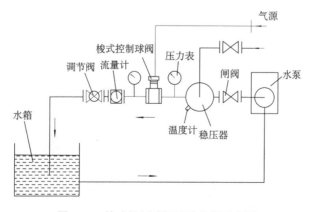

图 9-15　梭式控制球阀试验装置示意图

由图 9-15 可以看出，试验装置为开式试验回路。水泵将水箱里的水抽入闸阀，流经稳压器、压力表、梭式控制球阀、流量计和调节阀循环至水箱。水流量由调节阀来控制，当流量调节至 80m³/h 时，开始进行梭式控制球阀试验。

梭式控制球阀的启闭由三位四通换向电磁阀控制，汽缸活塞的移动速度与汽缸进气量成正比，汽缸进气量由差流可调梭阀进行调节（调节手柄带有刻度）。

1. 开启试验

将差流可调梭阀的调节手柄 A 顺时针旋转，刻度线为 0～40 格，记录开启的时间和流量（在 0～80 m³/h 变化）。试验中发现，调节手柄 A 的刻度线越接近于 0，气动头开启动作的时间越长。若刻度线从 0 格升至 40 格，开启时间则从 60s 降至 2s，在 40 格以上都是 2s，即气动头的开启动作时间为 2s。

2. 关闭试验

将差流可调梭阀的调节手柄 B 顺时针旋转，刻度线为 0～40 格，记录关闭的时间和流量（从 80m³/h～0 变化）。试验中发现，调节手柄 B 的刻度线越接近于 0，气动头关闭动作的时间越长。若刻度线从 0 格升至 40 格，关闭时间却从 62s 降至 2s，在 40 格以上都是 2s，即气动头的关闭动作时间为 2s。

总之，从梭式控制球阀的启闭试验结果可以看出，随着差流可调梭阀调节手柄 A、B 的刻度线变化，梭式控制球阀的启闭时间也会发生较大的变化。

为了延长驱动装置动作时间，常用的阀门驱动装置一般在气动系统中串联一个节流系统或增加两个孔板（不可调节）来延长启闭时间，其结构很复杂且价格昂贵。目前，几种典型的阀门驱动装置动作的时间比较列于表 9-8。

表 9-8 几种典型阀门驱动装置动作时间比较

生产厂家	型号	动作时间/s
SHAFER 公司（美国）	RV-Series 5x 3in	4
阿尔法麦克斯驱动装置有限公司（中日合资）	AW13	2
天津市自动化仪表厂	Q 型气动执行器 QZ150	2
四川孚硌技术有限公司	ZS 型气动执行器 ZS100	2～62

9.3.2 试验结果

四川孚硌技术有限公司对梭式控制球阀进行了检验，检验信息如表 9-9 所示，试验阀参数如表 9-10 所示，壳体试验如表 9-11 所示，低压密封试验如表 9-12 所示，高压密封试验如表 9-13 所示，主阀启闭时间试验（装有差流可调梭阀）如表 9-14 所示，试验条件：介质为空气，温度为 20℃。

表 9-9　梭式控制球阀检验信息

梭式控制元件分类	梭式结构单元
名称	梭式控制球阀
试验性质	性能试验
试验目的	检测样机是否满足设计要求

表 9-10　试验阀参数

型号	SQ641F-20	出厂编号	200089
公称压力	150Lb	公称通径	4in(100mm)
驱动方式	气动	型号:AW13	气源压力 0.5MPa

表 9-11　壳体试验

项目	标准要求	实测结果
试验压力/MPa	3.0	3.0
持续时间/s	≥60	180
渗透率/滴	0(无结构损伤)	0(无结构损伤)

表 9-12　低压密封试验

项目	标准要求	实测结果
试验压力/MPa	0.6	0.6
持续时间/s	≥60	120
渗透率/气泡	0	0

表 9-13　高压密封试验

项目	标准要求	实测结果
试验压力/MPa	2.2	2.2
持续时间/s	≥60	120
渗透率/滴	0	0

表 9-14　主阀启闭时间试验(装有差流可调梭阀控制时)

差流可调梭阀开度/%	主阀启闭时间/s	差流可调梭阀开度/%	主阀启闭时间/s
100	2	40	8.5
80	3	20	12.5
60	5	5	16.5

9.4　梭式止回阀试验

在工业各行业中,防止流体倒流的止回阀的安装位置会受到限制,其密封性能较差。

梭式止回阀的密封性能较好(泄漏量小)，其软密封泄漏量为零。梭式止回阀是储罐消防系统的替代产品，由于结构特殊和不受安装位置限制，其流阻损失小，结构紧凑，可节省安装空间，可以根据需要设计成缓闭止回阀，关闭时不产生水击，使管道在运行中安全可靠。

在止回阀关闭的瞬间，液体的流速产生急剧变化，靠近阀的一层液体便停止流动，它的动能全部变为势能，以波的形态向上游方向传播，引起液体压力的急剧升高或降低，这一现象称为水击(或水击)，水击能对输送管道造成破坏，缓闭止回阀能减少关闭时间，使水击产生的压力降低到管道允许值。

9.4.1　试验装置与内容

1. 试验装置

试验回路为闭式回路，水循环流动。管道尺寸为 68mm×4mm，工作压力为 1.5MPa，工作温度为 25℃，工作介质为水，梭式止回阀试验装置示意图如图 9-16 所示。

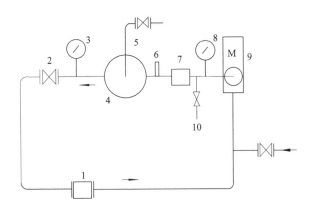

图 9-16　梭式止回阀试验装置示意图

1-流量计；2-调节阀；3、8-压力计；4-温度计；5-稳压器；6-水击压力传感器；7-梭式止回阀；9-循环泵；10-排液阀

试验回路为图 9-16 所示流向，水由循环泵驱动，通过压力计→排液阀→试验模型→水击压力传感器→稳压器→温度计→压力计→调节阀→流量计进入泵进口，形成一个循环流动。

2. 试验内容

(1)泄漏量试验。试验回路正常运行后，模拟输送流体管道，当关闭调节阀时，同时关闭循环水泵，稳压器中的水向水泵方向倒流，此时止回阀迅速自动关闭，水停止倒流。因水泵停止运行，阀前压力下降至 0，打开排液阀测量止回阀的泄漏量。

(2)流阻系数试验。试验回路正常运行后，打开调节阀，使流量值从小到大变化，再从大到小变化，记录每个流量值和对应的阀前后压力值。将测量参数输入计算机系统，经过程序计算得到 ξ-Q 的流阻特性曲线。

（3）水击压力测量。当梭式止回阀关闭时，由于瞬时关闭形成水击压力冲击波，引起的压力增加将以声速向上游方向传播，压力传感器测量出水击值。因泵停止运行，阀前压力下降至 0。由于水击现象的发生是一个瞬间的动态过程，梭式止回阀后采用了 CYYB-G2 型电阻应变式压强传感器测量其水击压力（压头），测量系统框图如图 9-17 所示。传感器的动态响应时间为 0.026s，瞬间能测量出水击压力波动值，其电压输出正比于作用在传感器上的被测压力。压力传感器的信号通过动态应变仪和数据采集系统输入计算机，经过程序计算，给出压力与时间关系曲线，即 $\Delta p\text{-}t$ 的关系曲线。整套测量动态响应快，能够可靠地测量出水击压力波的瞬时动态特性和参数。

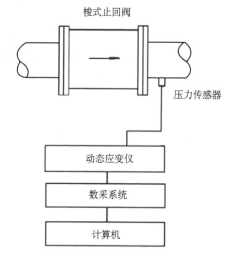

图 9-17　水击测量系统框图

9.4.2　试验结果与分析

1. 非能动梭式止回阀泄漏量试验

泄漏量试验共采用 2 种型号止回阀，第 1 种为消防止回阀（ZSXH41X-16C），DN50mm，阀座密封为软密封（橡胶阀座），试验结果为泄漏量为零，在低背压下密封良好，无泄漏，可在消防系统常闭管道上使用，在国内代替了常用的保护膜封闭消防液出口。第 2 种为普通止回阀（ZSH41W-16C），DN50mm，阀座密封为金属密封，泄漏量试验结果见表 9-15。第 2 种止回阀分 2 次测量，第 1 次测量后，将阀瓣转动 180°，再进行第 2 次测量。

表 9-15　泄漏量试验结果

序号	压力/MPa	一次泄漏量/(滴/min)	二次泄漏量/(滴/min)
1	1.2	9	6
2	1.1	9	6
3	1.0	9	5
4	0.9	9	5
5	0.8	9	4
6	0.7	9	4
7	0.6	9	4
8	0.5	10	3
9	0.4	10	3
10	0.3	9	3
11	0.2	7	3
12	0.1	5	2
13	0.054	3	1

由试验结果可知，每分钟的最大泄漏量为 10 滴，最小泄漏量为 1 滴。按 GB/T 26480—2011 规定，止回阀金属密封最大允许泄漏量（参照国际标准）：通径 50mm 止回阀液体试验的最大允许泄漏量为 6cm³/min。该阀的最大泄漏量小于 1cm³/min，低于国标规定的最大允许值，因此其密封性能高于国内外一般止回阀标准。

2. 流阻系数试验

选用 DN80mm 的梭式止回阀进行试验，管内流速为 1～6m/s，测试不同流速下的流阻系数值（图 9-18），最大雷诺数为 $4.8×10^5$。当雷诺数为 $2.5×10^5$ 时，流动达到自模拟。从流体流动特性可知，达到某个雷诺数以后，流体呈惯性流动，欧拉数变得与雷诺数无关，即流动达到自模拟。根据相似理论原理，在自模拟区中不必保持模型与原型的雷诺数相等，也可得到动力相似性，在模型中所得的数据可用于原型，即本次的试验数据可以用于其他梭式止回阀中。

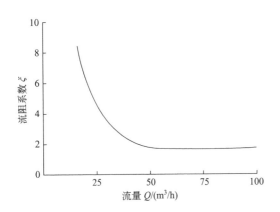

图 9-18　梭式止回阀的流阻特性曲线

从图 9-18 可以看出，雷诺数达到自模拟后，$\xi=1.83$，而升降式止回阀的 6 组流阻系数 ξ 为 4.3～6，故该阀的阻力损失较小。

3. 水击试验

进行两种结构形式的水击试验，第 1 种为无缓闭梭式止回阀水击试验，如图 9-19 所示，其中流速为 7m/s，水击压力为 –2.1MPa；第 2 种为有缓闭梭式止回阀水击试验，试验结果如图 9-20 所示，其中流速为 7m/s，水击压力为 0.05MPa。

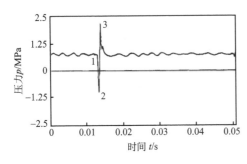

图 9-19　无缓闭梭式止回阀水击压力波形

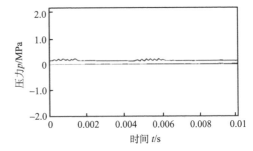

图 9-20　有缓闭梭式止回阀水击压力波形

这两种结构形式的梭式止回阀水击试验结果如表 9-16 所示，其中 Δp 为水击压力，v 为管内流速，T_z 为阀关闭时间。

表 9-16　梭式止回阀水击试验结果

结构形式	$\Delta p /\mathrm{MPa}$	$v/(\mathrm{m/s})$	T_z/ms
无缓闭梭式止回阀	4.4	7	9.5
有缓闭梭式止回阀	0.005	7	1430

从表 9-16 中的数据可以看出，有缓闭结构形式的止回阀产生的水击压力可降到最低值，梭式止回阀的密封性能高于一般止回阀。消防止回阀采用多元体软密封，是储罐消防系统替代产品，该阀流阻小、节能。为了避免水击的产生，在结构上采用缓闭阀瓣，经过大量的试验取得了满意的结果，该产品在工业和消防系统上应用时安全可靠。

9.5　管道爆破保护装置试验

管道爆破保护装置同样是基于非能动梭式控制技术研发的，分单向和双向两种能满足压力管道中双向输送的流体在下游发生爆破时需及时紧急切断的需求，其试验方法如下。

1. 主要试验装置

(1) 离心泵：型号为 IS100-80-125，扬程为 20m，额定流量为 100m³/h，额定转速为 2900r/min，轴功率为 6.7kW。

(2) 电磁流量计：精度为 0.5 级，量程为 150m³/h。

(3) 被试设备：①非能动梭式控制管道爆破单向保护装置 DN100mm，流阻相对较小；②非能动梭式控制管道爆破双向保护装置 DN100mm，流阻相对较大。

(4) 调节阀，DN100mm。

(5) 旁通阀，DN100mm。

(6) 调节阀，DN100mm。

(7) 压力表，量程为 0.15MPa，精度为 0.4 级。

(8) 水池，容积为 800m³ 以上。

(9) 计算机数据采集处理系统。试验管道布置如图 9-21 所示，试验过程的流量及压力均采用计算机自动进行数据采集。

2. 试验步骤及方法

(1) 按照图 9-21 所示的试验管道布置图安装试验系统。

(2) 关闭阀门 4、5，打开阀门 6。

(3) 开启离心泵 1。

(4) 试验爆破保护装置①、②的关闭流量：第一步，使阀门 6 处于全开状态，并逐渐打开阀门 4，按流量每增加 10m³/h 作为一个工况点进行调节，并记录流量及被试设备前后压差，直至爆破保护装置①关闭；第二步，使阀门 6 处于全开状态，并逐渐打开阀门

4，按流量每增加 10m³/h 作为一个工况点进行调节，并记录流量及被试设备前后压差，直至爆破保护装置②正向关闭；第三步，使阀门 6 处于全开状态，并逐渐打开阀门 4，按流量每增加 10m³/h 作为一个工况点进行调节，并记录流量及被试设备前后压差，直至爆破保护装置②反向关闭。

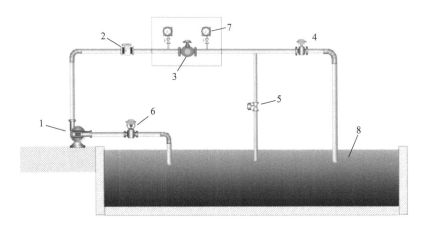

图 9-21　非能动梭式控制管道爆破保护装置试验管道布置图

1-离心泵；2-流量计；3-梭式管道爆破保护装置(被试设备)；4、6-调节阀；5-旁通阀；7-压力表；8-水池

(5)试验爆破保护装置①、②允许使用的最大流量：第一步，关闭阀门 4，开启爆破保护装置①，重新进行试验，根据第(4)步骤得到的试验结果，逐渐打开阀门 4，使过阀流量达到爆破保护装置①关闭流量的 70%左右稳定运行(该流量值即为允许使用的最大流量)；第二步，关闭阀门 4，开启爆破阀，重新进行试验。根据第(4)步骤步得到的试验结果，逐渐打开阀门 4，使过阀流量达到爆破保护装置②正向关闭流量的 70%左右稳定运行(该流量值即为允许使用的最大流量)；第三步，关闭阀门 4，开启爆破阀，重新进行试验。根据第(4)步骤步得到的试验结果，逐渐打开阀门 4，使过阀流量达到爆破保护装置②反向关闭流量的 70%左右稳定运行(该流量值即为允许使用的最大流量)。

(6)调节阀门 5，逐渐增加通过阀的流量，流量增幅为 2～5m³/h，测量并记录流量、检测设备的显示值及爆破保护装置前后压差，直至爆破保护装置关闭。

(7)重复步骤(5)、(6)，进行 4 次以上试验。

(8)瞬时打开阀门 5，重复步骤(4)、(5)、(6)，进行 4 次以上试验。

(9)根据步骤(4)得到的试验数据，计算爆破装置开启状态下的局部流阻系数。

(10)根据步骤(6)、(7)得到的试验结果，分析爆破装置关闭时的流量、压力及关闭时间。

(11)对其余 4 种刚性系数不同的弹簧重复以上试验及计算分析。

3．试验顺序

(1)对于树状供水、供热、供气、供油和单向直线输送的动力源系统，应采用单向保护的非能动梭式控制管道爆破保护装置，选用测试单向爆破关闭值时的技术参数。

对于树状管网，当某一支路管道发生爆破时，为不影响其他同级或上级支路的正常运行，可以根据需要保护的支路范围，在每一下级支路前端安装爆破保护装置，既保护了管道的安全，又不会影响其他管道的正常运行。

(2)对于环形供水、供热、供气、供油和多方动力源的系统，应采用双向保护的非能动梭式控制管道爆破保护装置。测试方法为在测得正向爆破关闭值后将双向装置反向安装，检测得到反向爆破关闭值(保持和正向检测相同的技术参数)。

对于环状管网，管道介质的流向可能会发生改变，因此需要在接出分支的两端安装两只爆破保护装置，且为对向安装，这样才能有效地对管道进行保护。

(3)对于不适宜进行接触检测的系统，采用非接触式爆破保护装置，可以是单向保护，也可以是双向保护装置，检测到相应的流体参数。

第 10 章　非能动梭式控制技术的应用

1990 年以来研发团队为相关系统研究设计非能动梭式控制技术不同功能、不同规格的多种元件。1990~2000 年，这些产品主要应用在航空煤油储运、大化肥厂甲氨生产工艺、石化等领域，2000 年之后小批量的应用在机械、冶金、能源、核电、国防工业等领域。研究团队还研发替代进口的部分元件，一些元件的寿命超越进口元件。非能动梭式控制技术防水击、抗脉冲、降低噪声、超低压力开启、零泄漏、管道爆破保护和双向高精度调节等功能元件，为流体控制领域和危险化学品的安全运行提供了新的选择。

从最初简陋的原理试验演示装置制作，到非能动梭式控制元件的研发、生产、推广、应用，经历了相当长的时间，本章从原理试验演示到在不同系统典型案例的应用分析，看到非能动梭式控制技术独有的优势，同时也看到我们还有许多不足，还需深入研究试验和扩大工业化应用的研究，非能动梭式控制技术的应用推广和科学普及的道路还很漫长。

10.1　非能动梭式双向控制元件演示装置

为了让人们看到非能动梭式结构智能化控制技术元件的效果，曾祥炜研究员先后带领团队制作了 4 个版本的演示仪，这些演示仪都是基于非能动梭式双向控制元件的原理完成的。下面分别进行介绍。

1. 1987 年版双向有级调节版便携式演示装置

1987 年版的演示仪由 1 只 DN50mm 的梭式双向有级控制元件(阀)、2 根长度为 1000mm 且 DN50mm 洗衣机排水管和 2 个 5 加仑(1 加仑 ≈ 3.785L)的水桶组成，如图 10-1 所示。它可以实现双向有级不等流控制功能，即 $Q_a \neq Q_b$，非能动低压差驱动(200~500mm 水柱)，通过手工计时判断两边流速不等，如图 10-2 所示。

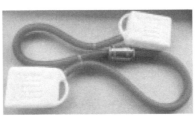

(a) 装置整体构成　　　　　　(b) 各部分连接关系　　　　　(c) 梭式双向有级控制元件位置

图 10-1　非能动梭式双向有级控制元件便携式演示装置

2021 年，我们把珍藏 30 多年的非能动梭式双向有级控制元件（差流可调梭阀）重新配上了洗衣机排水管和加仑桶，其仍然可以实现特有功能即 $Q_a \neq Q_b$ 的重新演示，详细的工作原理及功能请参见 2.3 节和 3.1 节。

(a) 从右往左输送　　　　　　　　　　　(b) 从左往右输送

图 10-2　非能动梭式双向有级控制元件的双有级向不等流控制功能演示过程

2. 1994 年版双向无级调节版支架式演示装置

1994 年版的支架式演示装置由 1 只 DN15mm 的梭式双向无级控制元件、2 根长度为 1000mm 且 DN15mm 洗衣机进水管、2 个 3 加仑的水槽、可调节高度的移动支架和控制电路板组成，实现了双向无级不等流控制功能，即 $Q_a \neq Q_b$，非能动低压差驱动 200～500mm 水柱，控制电路板可显示计时和压差，其演示情况如图 10-3 所示。

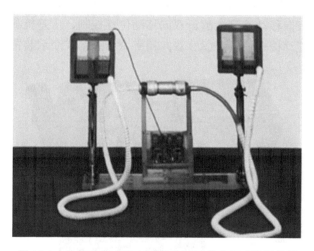

图 10-3　非能动梭式双向无级控制元件支架式演示装置

3. 1998 年版双向无级调节版便携式演示装置

1998 年版的支架式演示装置由 1 只 DN15mm 的梭式双向无级控制元件（阀）、2

根长 1000mm 且 DN15mm 的洗衣机进水管和 2 个 5 加仑的水桶组成，将其减去电路板和支架，如图 10-4 所示。装置更小、更精、更便携，同样可以实现双向无级不等流控制功能，即 $Q_a \neq Q_b$，非能动低压差驱动（200～500mm 水柱），其演示情况如图 10-5 所示。

图 10-4　非能动梭式双向无级调节元件　　图 10-5　非能动梭式双向无级调节版便携式演示装置

4. 2012 年版(精密版)调节控制式演示装置

2012 年版的控制式演示装置由 1 只 DN25mm 的梭式双向控制元件、1 只 DN50mm 且长度为 300mm 的双作用缸、仪表板、压力表和机壳等组成，如图 10-6 所示。该装置可实现双作用缸的双向移动速度检测、双向移动位移控制、压差检测及双作用缸的精准定位等功能，是非能动梭式液压(气动)双向精密调节控制式演示装置。

图 10-6　非能动梭式液压(气动)双向精密调节控制式演示装置

10.2 非能动梭式控制元件的应用和发展

1. 非能动梭式控制元件推广应用涉及的技术领域

非能动梭式控制元件与其他新技术元件研发一样，面临试验费用高、试制周期长、元件数量少难以获得较大的经济效益和经费支持，研发团队克服困难实现在一些领域小范围的推广应用。目前非能动梭式控制元件已涉及如下六个领域的应用。

(1)航空煤油储罐零泄漏、低开启压力消防管道系统。

(2)进口大化肥厂的高温、高压、强腐蚀尿素工艺等系统。

(3)能源、核电、国防工业特殊介质、特殊工况系统。

(4)石油、石化、海上石油特殊环境、特殊工况系统。

(5)石化、化工超低启闭压力、全自动回流特殊工况系统。

(6)机械、冶金、能源等防水击、高精度控制调节系统。

采用非能动梭式控制元件的系统，减少了停机损失、增加了生产产值、提高了系统安全可靠性，替代进口元件，为国家节约了外汇。

2. 非能动梭式控制元件在相关领域的研制及应用发展

(1)1992 年，研制出低背压关闭、低开启压力的全开式非能动梭式消防系列阀，为解决困扰航空煤油巨型油罐储运、消防管道系统多年的泄漏难题提供了新的选择。民航系统的首都机场等许多机场工程和多数的大型机场、国防工业的相关系统也采用了该技术，取代进口的部分控制元件和保护装置，获得 20 多年安全可靠运行。

(2)1994 年，研制出高温、高压、强腐蚀非能动梭式系列元件，为解决从国外成套进口的尿素装置甲胺泵出口主控制阀泄漏问题提供了新的元件，使甲胺泵出口主控制阀因泄漏检修更换的周期延长，从而减少停机时间，增加工厂产值。四川化工厂等十多个从国外成套进口的尿素装置甲胺泵出口、压缩机出口主控制阀先后采用非能动梭式系列元件安全可靠运行了多年，取得良好的经济效益。

(3)1995 年，研制出高抗硫、抗冲刷的非能动梭式系列元件，满足了海上石油中体积小、可任意角度安装、高可靠性等需求，替代进口产品，成功地应用于渤海等多个海洋平台，连续安全运转多年。产品外形精美小巧、形同管道，与系统融为一体。

(4)1993 年，研制中小口径非能动梭式控制管道爆破保护装置，拟为海洋石油平台、海滩石油开发、沙漠油田开发和部分输油管道盗油影响运行安全问题提供解决方案。该元件适用于 DN300mm 及以下口径，设于管道内部，小巧灵活，能适应管道能承受的所有环境。另外，该装置可防止人工锯钻、盗窃石油造成的损失。

(5)1996 年，研制出抗海水氯盐腐蚀、抗冲刷、可在任意角度安装专用非能动梭式系列元件，为核电循环水系统的安全可靠运转提供了新的元件。

(6)1998 年，研制出在高海拔、低温环境下应用的高可靠性非能动梭式系列元件，为青海至西藏某输油管道泵站出口的主阀提供了新的元件，非能动梭式系列元件可在海拔 5000m、–40℃的恶劣环境下可靠运行。还为新疆、大庆、胜利等油田系统内管道运输，以及一些跨地区的输油、输气管道和专用的航空煤油输送管道提供了非能动梭式系列元件，安全可靠运行至今。

(7) 1988 年，研发非能动梭式双向调节装置，为现有技术中的压力调节回路提供新元件。现有的调节阀仅具备单向调节功能，要实现双向调节，通常采用 6 个元件构成的桥式整流系统。非能动梭式双向调节元件具有双向调节功能，仅用 1 只非能动梭式双向调节元件就可实现双向无级调节。已在小范围用于机床调节、恒压供水调节等系统，可靠运行多年。在研发经费允许、试验检测条件具备时，需深入开展机床、工程机械、压力机械的工业化应用研究。

(8) 2000 年，开展非能动梭式控制头探索，希望在保持现有球阀、蝶阀、闸阀主阀体不变，将非能动控制应用为驱动头，为提高在易爆、有毒、沙漠、河流等恶劣条件下运行的可靠性和调节精度。经过对 DN100mm 元件进行研究、试制、试验、检测，结果表明具备用于 DN100mm 管道的条件，在研发经费允许、试验检测条件具备时，应深入进行不同介质、结构、压力、口径、功率的工业化应用研究。

(9) 2002 年，研制非能动控制管道爆破保护装置，希望提升大口径、长距离输送管道的可靠性，准确无误地兼容于 SCADA 或 VSAT 系统，建立更加先进的能动技术和非能动控制技术兼容的保护系统，至今仍然是我们努力的方向。

(10) 2003 年，研制非能动梭式双罐交替工作系统，希望改善现有变压吸附系统元件多、结构复杂的现状。将现有技术的多个电磁阀控制，研制为 2 个非能动梭式元件，更防爆、更安全，适合有毒、有害、危险介质的控制，非能动梭式双罐交替工作系统的大型化深入研究试验检测和工业化应用至今仍然是我们努力的方向。

(11) 2004 年，致力于研制非能动梭式系列基础元件、非能动梭式阀控制单元、构建非能动梭式控制系统。采用非能动梭式止回阀、截止阀、泄压阀、调节阀等基础元件和非能动梭式压力调节装置、压力管道爆破保护装置、梭式双缸交替工作系统等单元结构，可构建成具有流量、压力无级调节且具有超压、低压、过流保护的完全非能动控制系统，适应多种恶劣环境。大量的计算研究试验检测和扩大工业化应用的细节需逐步实现。

10.3　非能动梭式控制元件的典型应用分析

1. 在航空煤油、石油、化工、商业储罐零泄漏低开启压力消防管道系统的应用

现有油罐储运消防体系，包括石油、化工、商业、陆运、海运等储运危险化学品的储罐等设施，都存在防止泄漏和低开启压力的要求，而非能动梭式控制元件正具有流阻小、零泄漏、低开启压力的特性，有着巨大的应用前景。非能动梭式控制元件和进口同类阀在航空煤油系统的密封状况及寿命对照如表 10-1 所示。

表 10-1　非能动梭式控制元件和进口同类阀在航油系统的密封状况及寿命对照

非能动梭式控制元件	进口同类阀的密封状况	非能动梭式控制元件	进口同类阀的寿命
可实现零泄漏	未实现零泄漏	平均寿命超过 10 年	替换时的寿命均未超过 10 年

2. 在进口大化肥厂高温、高压、强腐蚀尿素工艺等系统的应用

我国于 20 世纪 80～90 年代引进了 30 多套大化肥、尿素系统，其中高温、高压、强腐蚀增压泵和增压机出口主阀出现严重振动、泄漏，运行 1～2 年必须检修更换。主阀泄漏会引起全线停机检修，经济损失惨重，而且泄漏时会排放毒气，甚至引起爆炸，对人员生命安全、环境生态造成了严重威胁。同时，进口产品价格昂贵，一些国家已经不生产此类配件，主阀成了大化肥厂的技术难点之一。1993 年曾祥炜应邀现场讨论协助解决主阀泄漏难题，经研究决定，采用非能动梭式控制元件，使用后效果很好，后经业内交流推广，全国已有十多个大化肥厂使用了该元件。做到零泄漏、振动小、体积小和任意角度安装，寿命为 8～10 年，最长达 15 年。以 DN 为 100～150mm 为例，当年价格对比如下：进口产品价格为非能动梭式阀的 4～6 倍。如果使用的数十套大化肥、尿素系统的高温、高压、强腐蚀主阀且其他阀全采用非能动梭式系列阀，那么创造的经济效益和社会效益将十分可观。

3. 在石油天然气和海上石油平台等特殊条件的应用

非能动梭式控制元件梭式超短型止回阀、梭式抗脉冲振荡阀、梭式防水击阀、梭式泄压阀、梭式截止止回阀，适于三相流、两相流的特殊条件，如海上石油平台、火电厂冷凝泵出口、天然气井口、舰船管道系统等，可实现系统自身流体驱动、外设动力源驱动、混合动力源驱动的多种组合选择。并且主阀启闭开度可调、防水击、抗脉冲、可任意角度安装、尺寸小、安全可靠、减振降噪，已经在相关特殊条件下可靠运行多年。深入研究试验和扩大工业化应用的研究是我们当前的任务。

非能动梭式控制元件和进口同类阀在抗脉冲振荡方面的对比分析如表 10-2 所示，在海上石油系统的安装使用对比分析如表 10-3 所示。

表 10-2　非能动梭式控制元件和进口同类阀在抗脉冲震荡方面的对比分析

类型	抗脉冲状况	寿命
非能动梭式控制元件	设有抗脉冲双向缓冲	平均寿命已超过 8 年
进口同类阀	多为单向缓冲或直动刚性密封	替换时的寿命未超过 5 年

表 10-3　非能动梭式控制元件和进口同类阀在海上石油系统的安装使用对比

类型	体积重量	安装特性
非能动梭式控制元件	体积小、重量轻	可以任意角度安装
进口同类阀	体积大、重量大	一般只能垂直或水平安装

4. 在石油化工超低压力启闭及全自动回流特殊工况的应用

非能动梭式控制元件梭式低开启压力特种止回阀和梭式全自动回流阀，已在石化超低压力启闭及全自动回流特殊工况下可靠运行多年，主要的应用说明如下。

1）梭式低开启压力特种止回阀

梭式低开启压力核电专用特种止回阀（开启压力小于 20mm 汞柱）、梭式低开启压力火炬气专用特种止回阀（开启压力小于 50mm 汞柱）；梭式零开启压力核电专用特种止回阀、梭式零开启压力化工专用特种止回阀等，经深入研究试验后，还可望用于电力、石化、化纤、真空冶炼、高能物理、舰船、航空、航天等需要低开启压力或零开启压力的各种系统。

2）梭式全自动回流阀

由梭式止回阀串接梭式三通分流，形成穿流式回流结构系统，相对重锤式和电控回流阀更加简单可靠。该元件可以靠系统自身能量实现最小流量保护，防逆转、防发热，可以减少频繁启动，特别适用于化工系统、锅炉供水系统、冶炼供水系统、冷凝水系统等重要系统，经深入研究试验后，争取成为必设的主泵保护装置等，梭式回流阀与进口同类控制系统的对比分析如表 10-4 所示。

表 10-4　非能动梭式回流阀与进口同类控制系统的对比

类型	功能	安全可靠性
梭式回流阀系统	最小流量保护、防逆转、防发热，实现全自动控制	非能动控制故障少，电气系统故障的干扰小
进口同类控制系统	最小流量保护、防逆转、防发热，但具有电驱、电磁控制	受电气系统故障影响大

5. 在能源和通用技术领域特殊介质特殊工况的应用

1）在能源领域特殊介质和工况的应用

非能动控制元件梭式阀门已在多个核电站中替代进口元件，取得了良好的应用。在冲刷、堵塞、振荡、冲击、气蚀问题最严重的海水升压泵系统和工业水、水厂、辅助管道等系统中使用了非能动控制元件。

某核电站的海水冷却水系统中，以前海水升压泵出口一直使用传统的旋启式阀门，由于介质为高含泥沙的海水，阀门冲蚀磨损情况严重，长期以来存在着阀瓣振荡、撞击、异响严重，甚至脱落、泥沙淤积堵塞等问题，经常出现故障，使用寿命短。采用专门研制的非能动控制元件梭式阀进行换型改造后，这些难题基本得到解决。

2）在机械冶金等通用技术控制调节系统的应用

独创的非能动梭式控制元件构成的工作缸双向精密速度控制系统是针对工作缸的新型控制系统，结构简单运行可靠。非能动梭式二通双向控制元件特有的双向调节功能是现有技术元件没有的，该元件替代桥式整流双向调节系统、孔板节流双向调节系统、调节阀双向调节系统，将回路减少 50%、阀门数量减少 30%～80%、成本降低 50%，曾祥炜研究员曾多次将原理试验模型赴美国、日本、德国交流，引起了工程专家的高度关注，由于多种原因，无力进行深入研究试验和工业化应用的研究，仅靠团队微薄力量，奋力拼搏费尽周折才实现以贴牌元件配套机床，该机床出口到欧洲，已经可靠运行多年。

非能动梭式控制元件梭式叠加双向节流阀是采用叠加式结构研发的一种新元件，它是目前唯一一种单阀单元件的双向调节阀，具有明显的技术优势和很高的性价比，可广泛应用于各种液压系统。用它来改造传统的机床液压调速系统，可使系统简化，经济效益增加，深入研究试验和扩大工业化应用的研究是我们当前的任务。

3) 在水击问题严重的工况系统的应用

非能动梭式控制元件梭式防水击特种止回阀适用于电力、石化、化纤、真空冶炼、高能物理、舰船、航空、航天等水击问题严重的系统，可分为梭式防水击化工专用特种止回阀、梭式防水击油气专用特种止回阀、梭式防水击舰船专用特种止回阀及梭式防水击电站专用特种止回阀，分别根据不同介质、不同工况、不同条件、设计不同特性的元件。

深入研究试验和扩大工业化应用的研究是我们当前的任务。

非能动梭式控制元件与进口同类阀的功能对比分析如表 10-5 所示。

表 10-5　非能动梭式控制元件与进口同类阀的功能对比

元件(阀)	防水击状况	调节功能
非能动梭式控制元件	定速或缓慢关闭防止水击，定速或缓慢开启保证流畅	具有双向阻尼调节功能
进口同类阀	定速开启或缓慢开启，实现水击防治或实现启闭双向调速的结构相对复杂些	很少有双向阻尼调节功能

第 11 章　非能动梭式超高速管道列车的应用设想

近百年来，美国、德国、日本、中国等多国的科学家积极展开用管道来封闭整个列车运输系统的探索，在牵引动力、轨道、磁悬浮、真空等方向开展了较多研究。2010 年，奥斯特成立了 ET3 公司，设想真空管道运输是一个类似胶囊的运输容器，它通过真空管道进行点对点传送，时速可达 6500km/h。在 ET3 公司在网站上给出了他们 2030 年的目标是实现真空管道运输项目的商业应用。在我国，西南交通大学最早研究了此项目，牵引动力国家重点实验室曾经建设一个小型试验轨道，用来验证真空管道运输的可行性，在该试验环境可望达到的理论数值为 3000km/h。

非能动梭式控制技术在国内外 500 多个流体重要工程中使用，替代进口产品，经历特殊环境(包括温度、介质、工况)的考验，安全可靠运行多年。在压力管道系统利用非能动梭式技术，使系统更简化、更安全、更可靠。

从压差驱动的自由梭用于压力管道的节点式控制，到类似自由梭的管道列车在分段压差驱动下的接力式控制，形成超高速管道列车的新构想，是非能动梭式控制技术的一次新突破。将进一步推动非能动控制技术理论研究的深入。本章将非能动梭式控制系统的基础元件和系统应用的基本数据、实例移到非能动梭式超高速管道列车系统中，可以为这方面的研究和探索提供借鉴。

11.1　管道列车场站原理模型

参照第 3 章三类非能动梭式控制元件的原理模型，设计了非能动梭式超高速管道列车场站的概念模型，其系统的工作原理如下。

1. 非能动梭式二通双向控制元件与超高速管道列车双向场站工作原理对比

非能动梭式二通双向控制元件与超高速管道列车双向场站的工作原理相同，如图 11-1 所示，A、B 为主管道流向，其中非能动梭式二通双向控制元件的自由梭对应管道列车体，限位块 a、b 对应列车制动装置。

2. 非能动梭式三通多向控制元件与超高速管道列车三向场站工作原理对比

非能动梭式三通多向控制元件与超高速管道列车三向场站的工作原理相同，如图 11-2 所示，A、B 为主管道流向，其中非能动梭式三通多向控制元件的自由梭对应管道列车体，限位块 a、b 对应列车制动装置。

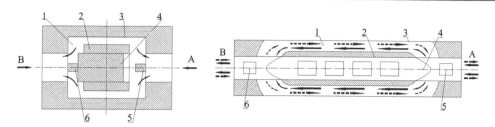

(a) 非能动梭式二通双向控制元件　　　　　　　　(b) 超高速管道列车双向场站

图 11-1　非能动梭式二通双向控制元件与超高速管道列车双向场站的工作原理

1-绕流道、旁通道；2-阀套、主管道内腔；3-阀体、主管道外壳；4-主管道中的自由梭、列车体；
5-列车制动装置、限位块 a；6-列车制动装置、限位块 b

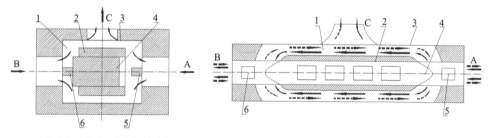

(a) 非能动梭式三通多向控制元件　　　　　　　　(b) 超高速管道列车三向场站

图 11-2　非能动梭式三通多向控制元件与超高速管道列车三向场站的工作原理

1-绕流道、旁通道；2-阀套、主管道内腔；3-阀体、主管道外壳；4-主管道中的自由梭、列车体；
5-列车制动装置、限位块 a；6-列车制动装置、限位块 b

3. 非能动梭式四通多向控制元件与超高速管道列车四向场站工作原理对比

非能动梭式四通多向控制元件与超高速管道列车四向场站的工作原理相同，如图 11-3 所示，A、B 为主管道流向，其中非能动梭式四通多向控制元件的自由梭对应管道列车体，限位块 a、b 对应列车制动装置。

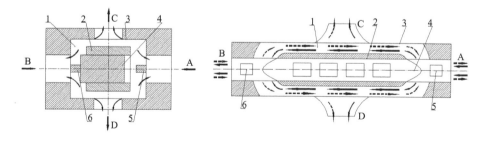

(a) 非能动梭式四通多向控制元件　　　　　　　　(b) 超高速管道列车四向场站

图 11-3　非能动梭式四通多向控制元件与超高速管道列车四向场站的工作原理

1-绕流道、旁通道；2-阀套、主管道内腔；3-阀体、主管道外壳；4-主管道中的自由梭、列车体；
5-列车制动装置、限位块 a；6-列车制动装置、限位块 b

11.2　主管道与列车运行原理

非能动梭式超高速管道列车中的主管道和列车完全符合非能动系统的基本原理。在密闭连续流体系统中,放置与管道轴心线完全对称、平衡、悬浮的自由梭(即列车),通过双向调节元件(即场站的限位装置)对集敏感、控制、执行为一体的自由梭进行正反向轴线运动的限制和正反向结构改变控制,依靠自然力、系统自身能量、双向压力差驱动,主管道分段设有专用切断阀,具有分段加压、分段检修和管道保护切断的作用。

非能动梭式超高速管道列车体系中的列车类似于系统中的自由梭,也类似管道输送中的清洁器,可以通过管道中的流体驱动进行点对点传送,管道充满高速流和低速流,其建设和运营成本会大幅度下降,可靠性会大度提高,能满足低、中、高速的需要。

1. 非能动梭式超高速管道列车在主管道中的通行结构及系统模型

非能动梭式超高速管道列车的结构原理如图 11-4 所示,对应的非能动梭式超高速管道列车主管道结构及调节系统原理如图 11-5 所示。

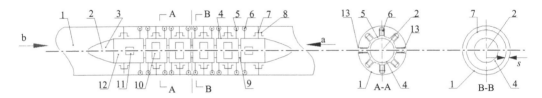

图 11-4　非能动梭式超高速管道列车结构原理

1-主管道;2-列车轴向中心线(与主管道中心线同轴);3-列车整流罩;4-列车外壳;5-可调环形密封;6-列车外壳滚轮;
7-列车外壳滚轮座;8-可调环形密封座;9-车厢连接装置;10-列车密封门;11-高能动力电池(应急);12-车头控制室;
13-主管道内壁定位凸槽(防止列车圆周方向旋转);s-可调环形密封与主管道内壁间隙(调节列车阻力,
实现列车气悬浮的重要因素);a-主管道中驱动流体的正向;b-主管道中驱动流体的反向

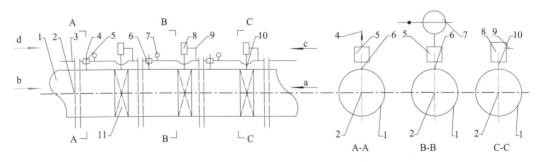

图 11-5　非能动梭式超高速管道列车主管道结构及调节系统原理

1-主管道;2-列车轴向中心线(与主管道中心线同轴);3-压力调节管道;4-主管道压力释放口(通大气);
5-主管道压力调节器;6-主管道压力调节器接入口;7-主管道压力调节储能罐;8-主管道切断阀驱动装置;
9-主管道切断阀驱动压力接入口;10-主管道切断阀传动装置;11-主管道切断阀阀体(采用非能动或气动控制球阀或闸阀);
a-主管道中驱动流体的正向;b-主管道中驱动流体的反向;c-压力调节管道中流体的正向;d-压力调节管道中流体的反向

如上所述，非能动梭式超高速管道列车系统的原理和概念结构，在陆地上可以通过压缩空气作为动力源来实现，在海水中可以通过海水压差作为动力源来实现，分别称为非能动超高速气悬浮、水悬浮管道列车。

2. 非能动梭式超高速气悬浮管道列车

如图 11-6 所示，非能动梭式超高速管道列车的气悬浮系统模型中，主管道系统即列车通行道，含主储能罐、主管道涡轮增压器、进气口及过滤器，其压力调节系统包括调压管道增压器、调节器(即梭式四通调节元件)、储能罐和主管道切断阀驱动装置。

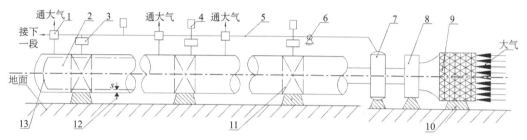

图 11-6　非能动梭式超高速管道列车的气悬浮系统模型

1-调节器；2-主管道；3-主管道切断阀驱动装置；4-调压管道储能罐；5-调压管道；6-调压管道增压器；
7-主储能罐；8-主管道涡轮增压器；9-进气口及过滤器；10-支墩；11-主管道切断阀；12-气悬浮间隙；13-列车

3. 非能动梭式超高速水悬浮管道列车

如图 11-7 所示，非能动梭式超高速管道列车的水悬浮系统模型的动力系统由主调压器、进水过滤器和进出水口组成，其调节系统由进出口竖井和进出口竖井间隙组成。如果环状运行，则需要分段向输送主管道通大气，使管道列车两端始终存在压力差。

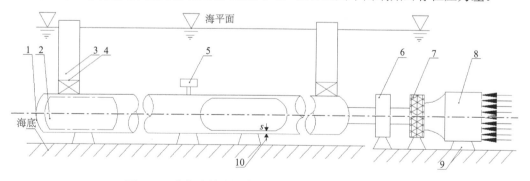

图 11-7　非能动梭式超高速管道列车的水悬浮系统模型

1-主管道；2-列车；3-进出入孔(高于海平面)；4-密封门进出入打开(自动调节)；5-分段调压器；6-主调压器；
7-进水过滤器；8-进水口(压力为海水深度)；9-支墩；10-水悬浮间隙

11.3　管道列车数值模拟计算

为了验证 11.2 节气悬浮、水悬浮管道列车的可行性，选用如下主要参数进行模拟计算：管道内径为 3m，车厢重量为 40t，车厢长度为 18m，每列有 3 个车厢，整个列车重量为 120t。车体外圆与管道内径间设滚轮及相应的动密封装置，站点距离为 10km。考虑减速计算中的前 5km 为加速段，主管道驱动压力记为 0.1MPa、0.2MPa、0.3MPa、0.5MPa、0.8MPa 等多个等级，可以初步计算出相应的阻力、摩擦力、车速。

1. 非能动梭式超高速气悬浮管道列车

非能动梭式超高速气悬浮管道列车通过空气压差驱动，按前述假设，将计算结果对照我国高速列车等级 T、Ⅰ、Ⅱ、Ⅲ对应的主管道驱动压力，分析车速达到 2000km/h 的可能性。假设驱动介质为空气，其具有取之不竭、安全节能、环保、流体压力损失小、成本低等特点，具体参数如下。

(1)有效受力面积：$A = \pi D^2/4 = 7.06858\text{m}^2$。

(2)动力：$F = PA$，其中 P 为驱动压力。

(3)摩擦力：$kF/8$（k 为摩擦力修正系数）。

(4)合力：$(8F - kF)/8$。

(5)行程：$S = 5\text{km}$。

(6)质量：$M = 1.2\times10^5\text{kg}$。

按能量守恒定律有 $Mv^2/2 = (8F - k\times F)S/8$，由此得到管道列车在不同驱动压力下的速度计算值，如表 11-1 所示。

表 11-1　管道列车在不同驱动压力下的速度计算值

驱动压力 P/MPa	计算速度 v/(km/h)		我国高速列车速度等级	最高速度/(km/h)	速度差/(km/h)
	$K=1$	$K=2$			
0.1	817.3	756.7	T	400	70
0.3	1415.6	1310.6	T	400	70
0.5	1827.5	1692.0	T	400	70
0.6	2002.0	1853.5	T	400	70
0.7	2162.4	2002.0	T	400	70
0.8	2311.7	2140.2	T	400	70
1.0	2584.5	2392.8	T	400	70

根据驱动压力等级探讨，将液压等级划定如下：0～2.5MPa 为低压，空气输送管道压力为 0～0.8MPa 时安全。由计算结果可知，非能动梭式超高速管道列车可实现与我国高速列车等级 T 相对应的速度，没有太大的技术障碍。考虑更加实际的列车重量 40t，配合适当的站点举例，要实现 2000km/h 的超高速，在理论上是可能的。

2. 非能动梭式超高速水悬浮管道列车

非能动梭式超高速水悬浮管道列车通过水压差驱动，水悬浮管道列车的主要模拟计算参数示意图如图 11-8 所示。

为了简化计算,假定水的浮力完全平衡列车自重,由此确定列车的最佳长度为 $L=\dfrac{4M}{\pi\rho D^3}=16.56\text{m}$,水的密度为 1t/m^3 ,可忽略列车和管道壁间的摩擦力。水悬浮管道列车运行时,流体消耗掉的能量等于列车的动能、环形缝隙间的流动损失、摩擦损失和局部损失之和。

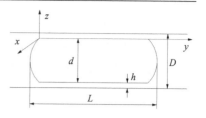

图 11-8　水悬浮管道列车主要模拟计算参数示意图

因为流体消耗掉的能量 $Q_\text{总}=\Delta PAvt=\Delta PAS$,列车的动能 $Q_3=\dfrac{1}{2}Mv_{\max}^2$ ($v_{\max}=2v$),摩擦损失能量 $Q_2=\dfrac{k}{8}\Delta PAS$,环形缝隙间的流动损失可根据 N-S 方程得到,在流体定常流动、连续、不可压缩等条件下,忽略质量力后得到环形缝隙间流动损失为

$$Q_1=\Delta Pqvt=\Delta P\left(\frac{\pi D\Delta ph^3}{12\mu L}+\frac{\pi Dvh}{2}\right)\frac{S}{v}$$ 。忽略局部损失后有 $Q_\text{总}=Q_1+Q_2+Q_3$,即

$$\Delta PAS=\Delta P\left(\frac{\pi D\Delta Ph^3}{12\mu L}+\frac{\pi Dvh}{2}\right)\cdot\frac{S}{v}+\frac{k}{8}PAS+\frac{1}{2}Mv_{\max}^2$$

将上述公式化简后,取不同的列车运行速度 v 、缝隙 h 、列车两端驱动压差 ΔP 及摩擦力修正系数 k ,可以计算得到水悬浮管道列车在不同驱动压差下的速度计算值,如表 11-2 所示。

表 11-2　水悬浮管道列车在不同驱动压差下的速度计算值

驱动压差 ΔP/MPa	缝隙 h/mm	计算速度 $v_{\max}$/(km/h)	
		$k=1$	$k=2$
0.1	1	813.6	756.4
0.1	10	811.0	749.6
0.1	20	783.6	717.4
0.2	1	1155.5	1069.7
0.2	10	1145.0	1057.8
0.2	20	1090.9	993.4
0.3	1	1415.2	1310.1
0.3	10	1400.5	1293.3
0.3	20	1319.0	1195.5
0.5	1	1827.0	1691.3
0.5	10	1804.3	1665.3
0.5	20	1665.8	1496.5
0.8	1	2310.9	2319.3
0.8	10	2276.7	2099.9
0.8	20	2047.3	1813.7

　　根据上面计算结果可知，利用水压差驱动来实现 2000km/h 的超高速运行在理论上是可行的。但是相对于空气压差驱动来说，利用水压差驱动需要考虑列车在水中的浮力，从而寻求列车的最佳长度，除此之外，水的黏性阻力也是一个不可忽略的因素。

11.4　管道列车仿真试验分析

1. 物理模型

　　管道列车的仿真物理模型如图 11-9 所示，空气驱动和水驱动物理模型是一致的。仿真物理模型在完整模型的基础上进行简化，减少了管道的长度，但保持其他重要特征不变。管道总长度为 670m，列车长度为 18m，列车中心距离管道末端 650m，列车与管道之间的气悬浮间隙为 30mm。

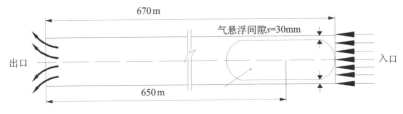

图 11-9　管道列车的仿真物理模型

　　梭式列车在管道中流体的推动力作用下被动运动，需要同时处理复杂的网格变化和流场变化，传统的动网格技术已经不能满足仿真需求，所以仿真时使用重叠网格，需要分别划分管道内流体的网格和梭式列车周围流体。管道是长度为 670m、宽度为 3m 的矩形，采用边长为 50mm 的正方形网格划分管道内的流体，并把管道流体网格作为背景网格。梭式列车周围的流体形状复杂，流体体积变化大且有狭缝，为了便于切分和划分网格，将列车头尾的半圆削平，再把列车周围的流体进行切分，使模型分解为若干三角形和矩形。在气浮间隙中划分 10 层四边形网格，因重叠网格要求，网格重叠的部分体积相近，所以将列车远端划分为边长为 50mm 的正方形网格，这部分正方形网格为重叠网格中的重叠部分，其余部分用三角形和四边形网格过渡。

2. 数学模型

　　运用 Fluent 求解梭式列车的流场时，空气的最高速度已经超过 0.3 倍声速，应考虑空气的可压缩性，流动过程中温度变化对流体的影响可以忽略。

　　由于要考虑气体在梭式列车内流动时的可压缩性，气体密度用理性气体状态方程求解。除了求解流场外，还需要用到 Fluent 内置的 6DOF 模型求解列车在管道中的被动运动。

3. 边界条件

　　空气压差驱动的进口边界为压力进口，进口表压为 100kPa，出口边界为压力出口，出口表压为 0Pa，操作压力为 101.38kPa。选用如表 11-3 所示的主要参数进行模拟计算，以 1 个车厢为例进行分析。

表 11-3　空气压差驱动实验主要参数

车箱前端驱动气压力 P/MPa	车箱速度 v/(km/h)	车箱重量/t	气悬浮间隙/mm	车厢长度/m	管道内径/m	管道末端压力
0.3	707	40	30	18	3	大气压

水压差驱动有两个工况，分别为进口表压为 100kPa 和进口表压为 1kPa，其他条件同空气压差驱动。壁面边界统一为无滑移的绝热壁面，选用如表 11-4 的主要参数进行模拟计算，以 1 个车厢为例进行分析。

表 11-4　水压差驱动实验主要参数

车箱前端驱动气压力 P/MPa	车箱速度 v/(km/h)	车箱重量/t	气悬浮间隙/mm	车厢长度/m	管道内径/m	管道末端压力
0.8	2047.3	40	20	18	3	大气压

4. 空气压差驱动下的超高速管道列车仿真分析

1）空气压差驱动列车周围压力分布

空气压差驱动列车周围压力分布如图 11-10 所示，列车头部和尾部的压差较大，但是随着时间的增加，头部和尾部的压差在逐渐变小，由压差产生对列车的推动力也逐渐变小。可以预见，在经历足够长的时间后，列车两端的压力差将保持恒定，此时列车的加速度为 0，速度则达到最大值。列车在运行时，压降集中在气浮间隙中，列车两端的压力分布比较均匀。

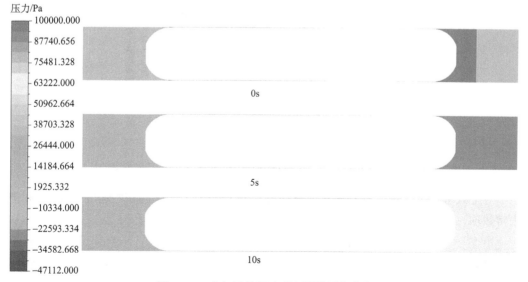

图 11-10　空气压差驱动列车周围压力分布

2) 空气压差驱动的速度云图

空气压差驱动的速度云图如图 11-11 所示，空气在通过气浮间隙时的速度非常大，在 0s 时，速度达到最大值。随着时间的推移，列车周围的空气速度逐渐加大，列车与空气之间的速度差距逐渐减小，列车受到的阻力也在减小。

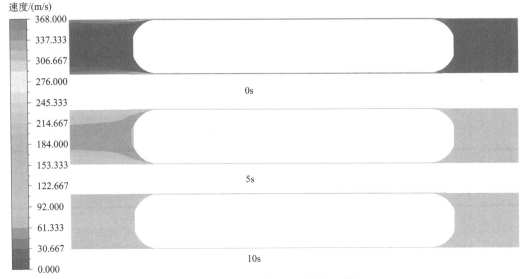

图 11-11　空气压差驱动的速度云图

3) 空气压差驱动的梭式列车运动学分析

梭式列车的运动学分析如图 11-12 所示，经过分析得到，经过 5 阶曲线拟合后，梭式列车的位移与时间的关系如下：

$$x = -0.0024t^5 + 0.0567t^4 - 0.5152t^3 + 8.1054t^2 - 0.4694t + 0.0336$$

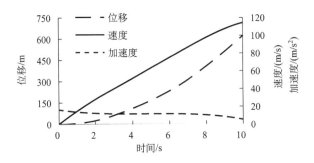

图 11-12　空气压差驱动梭式列车运动学分析

对上式求一阶导数可得到梭式列车的速度-时间关系，列车的初始速度为 0，所以删去常数项，结果如下：

$$v = -0.012t^4 + 0.2268t^3 - 1.5456t^2 + 16.2108t$$

再对上式求一阶导数可得到空气压差驱动梭式列车的加速度-时间关系，结果如下：

$$a = -0.048t^3 + 0.6804t^2 - 3.0912t + 16.2108$$

由图 11-12 可以看出，第 10s 时，列车走完 650m 的管道且速度达到 114m/s。

4）空气压差驱动分析结果

根据理论分析提供的物理模型，运用 Fluent 求解梭式管道列车的流场与压力场的关系。根据梭式列车运动学分析可以看出，其加速变化趋势与压力云图一致，理论与计算接近，仿真证实了理论推导的可能性。

5. 水压差驱动下的超高速管道列车仿真分析

1）仿真分析说明

目前，水压差驱动仿真分析所需要的计算机硬件、软件无法满足条件，于是在曾祥炜研究员提出的物理模型及相应边界进行仿真分析的前提下，对两种进口压力（100kPa、1kPa）进行仿真分析，以初步探索水压差驱动的可能性。

2）进口压力为 100kPa 的情况分析

（1）水压差驱动水蒸气体积分数云图。

水蒸气体积分数云图如图 11-13 所示。当进口压力为 100kPa 时，水在压差下获得高速度，喷出悬浮间隙时开始空化，水在 2s 和 10s 时出现不同程度的空化且空化时产生的气泡位置不同。空化的产生使列车内产生较大的噪声和振动，不利于列车的运行。

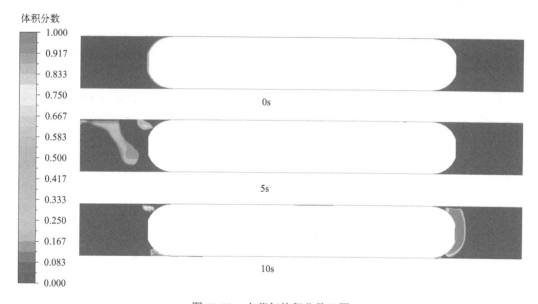

图 11-13　水蒸气体积分数云图

（2）水压差驱动速度云图。

水压差驱动速度云图如图 11-14 所示，由于产生空化，流体在梭式列车周围的分布不均匀，列车受力不均匀，不利于列车的安全运行。水的黏度较大，在悬浮间隙中流动时，水的能量消耗很大，所以水在悬浮间隙中的流速小于空气。

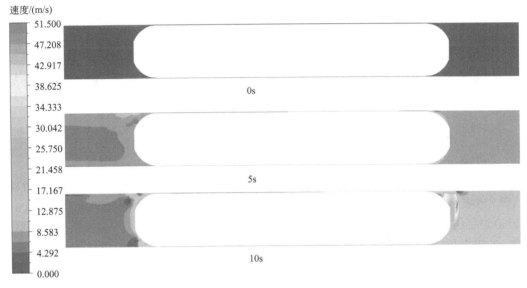

图 11-14　水压差驱动速度云图

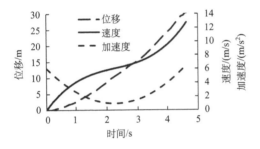

图 11-15　水压差驱动梭式列车运动学分析

(3) 水压差驱动的梭式列车运动学分析。

水压差驱动梭式列车运动学分析如图 11-15 所示,经过分析得到梭式列车位移与时间的关系,经过 4 阶曲线拟合,结果如下:

$$x = 0.0838t^4 - 0.7581t^3 + 3.0549t^2 + 0.5709t - 0.0881$$

对上式求一阶导数得到梭式列车的速度-时间关系,列车的初始速度为 0,所以删去常数项,结果如下:

$$v = 0.3352t^3 - 2.2743t^2 + 6.1098t$$

再对上式求一阶导数得到梭式列车的加速度-时间关系,结果如下:

$$a = 1.0056t^2 - 4.5486t + 6.1098$$

从图 11-15 可以看出,5s 时,列车运行 30m,速度只有 12.8m/s,相比于空气,用水压差驱动的列车性能大大下降。

(4) 水压差驱动的梭式列车分析结果。

在提出的物理模型条件及相应的 100kPa 水压差驱动的前提下,水在压差下获得高速度,喷出悬浮间隙时开始空化,空化的产生使列车内产生较大的噪声和振动,不利于列车的运行。仿真分析认为,空气压差驱动性能全面优于水压差驱动。

3) 进口压力为 1kPa 的情况分析

(1) 水压差驱动压力。

进口压力为 1kPa 时的水压差驱动压力云图如图 11-16 所示,压力不断降低,直到进口压力为 1kPa 时,水不再发生空化现象。由图 11-16 可以看出,随着时间的增加,列车两端的压差也增大。

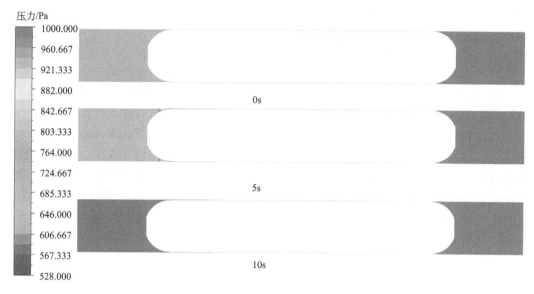

图 11-16　进口压力为 1kPa 时的水压差驱动压力云图

（2）水压差驱动速度。

进口压力为 1kPa 时的水压差驱动速度云图如图 11-17 所示，从图中可以看出，水的速度随时间变化不大，且在整个过程中，梭式列车几乎没有移动。

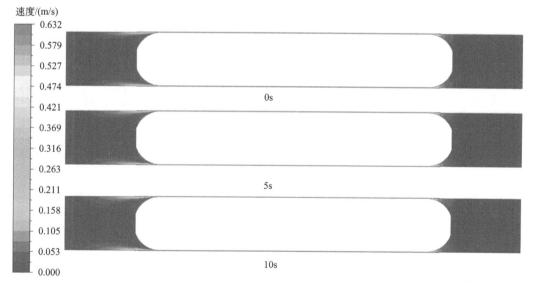

图 11-17　进口压力为 1kPa 时的水压差驱动速度云图

（3）水压差驱动的梭式列车分析结果。

在提出的物理模型条件及相应的 1kPa 水压差驱动的前提下进行仿真分析，不断降低压力，直到进口压力为 1kPa 时水不再发生空化现象，但水的速度随时间变化不大，在整个过程中，梭式列车的移动很小。

6. 非能动梭式超高速管道列车仿真分析结论

对非能动梭式超高速管道列车进行 Fluent 仿真分析，得出以下结论。

（1）运用 Fluent 仿真分析，证明了在物理模型及相应的边界条件下，运用空气压差驱动非能动梭式超高速管道列车的理论构想与计算是一致的，具有深入研究的意义。

（2）如果改善软、硬件及试验检测条件，则将运用仿真分析等方法深入研究空气压差驱动非能动梭式超高速管道列车；同时，重设物理模型及相应的边界条件，改变管道长度和直径，列车长度、强度和刚度，列车与管道之间的水悬浮间隙等参数，进行充分的水压差驱动理论计算分析，采取有效措施防止空穴，实现灵敏的降压、升压和放大功能，进行水下运载和工程探讨，延伸到利用海空巨大能量的优势，为海空运载、发射和能源开发提供新的研究和思考。

第 12 章　反应堆严重事故非能动应急冷却系统

针对已建成的核电站和即将新建的核电站，可以增设反应堆严重事故非能动应急冷却系统，即将非能动自然循环安全技术与非能动梭式结构智能控制技术相结合，也是非能动与能动技术的典型案例，它可以实现更快、更强、持久的循环，能在现有反应堆严重事故保护措施失效时提供多重保护。

反应堆严重事故非能动应急冷却系统在处理严重事故时不需要人工干预，可实现的冷却时间不是欧洲第三代原子能反应堆(evolutionary power reactors，EPR)系统设计的30min，也不止是美国 AP1000 设计的 72h，更不是日本福岛第一核电站已进行十多年的人工干预和无奈的核废水盛装。非能动应急冷却系统是不停息的可控循环，让人们有足够的时间来充分地思考探索、从容地处理严重事故，可从根本上杜绝向海洋排放核废水。根据专家的估计，增设反应堆严重事故非能动应急冷却系统，核电站成本会增加 10%～30%。

12.1　反应堆事故应急冷却的现状

2021 年 4 月 13 日，日本国会宣布从 2022 年起将福岛第一核电站中的核废水倒入海洋，持续向太平洋排放 30 年。2011 年 3 月 11 日，日本东北部海域发生强烈地震并引发特大海啸导致福岛第一核电站产生核泄漏，已对世界大气环流产生了严重污染，放射性铯元素卫星图像如图 12-1 所示。若将核废水倒入海洋，将进一步对海洋环流造成严重污染，再次对人类的生存造成更严重的灾难。福岛第一核电站的核废水源于核反应堆的熔毁，反应堆中存在放射性物质，用水降温反应堆的同时，这些降温的水也就变成了含有放射性物质的核废水。如图 12-2 所示，截至 2021 年 9 月，核电站内上千座储罐已存放约 120 万吨核废水，而且每天增加 170 吨，目前已超过达到其容量极限的预计时间。

图 12-1　泄漏到海洋的放射性铯元素卫星图像　　　图 12-2　日本福岛第一核电站上千座核废水储罐

日本共同通讯社和多家国际媒体披露，日本先后提出了 5 种处理核废水的方案，即排入海里、把废水烧开蒸发、沿着地下管道排入地底 2500m、把废水电解处理、制成核废水水泥块埋入地底，这 5 种处理方案的成本越来越贵。10 年之后，日本最终选择"直接排入海洋"这种最省钱的方式，并表示这是唯一的处理方法。由国家高层释放出把核废水排入大海的信号，让全世界惊恐、愤怒。据美国有线电视新闻网(cable news network，CNN)等媒体报道，2020 年 10 月 23 日，国际绿色和平组织曾警告，福岛核反应堆排放到海里的核废水很有可能损害人类的 DNA。

2011 年，曾祥炜研究员带领团队立即开展了针对日本福岛第一核电站核反应堆熔毁事故的研究，旨在避免这类危及人类生存的超级严重事故。我们团队设计了保守、可靠的增设高位水池的外部封闭再循环系统，保证核废水在循环中经过处理，从根本上杜绝向海洋排放核废水。其基本技术构想：①完全保持现有非能动自然循环安全技术，实现现有堆芯压力容器、钢制安全壳内封闭循环系统；②在现有保护失效后采用高位水池加非能动控制技术增压强制注入的应急冷却；③采用非能动与现有能动技术相结合的核废水分级处理方法；④采用固定泵或移动泵将分级处理后的净化水抽至高位水池实现外封闭再循环，建立起固若金汤的反应堆严重事故非能动应急冷却系统，为现有或将建设的核电站反应堆严重事故增设多重保护系统。

我们在完成基本技术构想后向国内外相关行政机构、学术机构、学术组织及相关学科专家、大学教授及青年学生宣传并推广非能动控制基本原理和基本技术，希望反应堆严重事故非能动应急冷却系统为国家的核电安全及人类的生存安全提供更好的保障。

2011 年 10 月，曾祥炜研究员申请了反应堆严重事故非能动应急冷却系统的发明专利，于 2012 年 4 月在电力与能源系统国际学术会议(international conference power and energy System，ICPES)发表了 *Discussion on the special significance of passive control technology for the nuclear reactor* 学术论文，对已建成核电站和将新建核电站增设反应堆严重事故非能动应急冷却系统的建议，在国内外学术界产生了一定的影响。

日本福岛第一核电站发生泄漏 11 年后，在日本国会宣布向太平洋排放核废水时，我们又一次呼吁全球已建成核电站和将新建核电站增设反应堆严重事故非能动应急冷却系统，通过封闭再循环使不需人为干预的时间指标不低于 72h，从而将人为救援的风险尽可能减小，可从根本上杜绝向海洋排放核废水。

更进一步，对比核电站初期建设增加的 10%～30%成本投入与可具有的反应堆严重事故防范优势，包括但不限于缩短处理严重事故周期、不向海洋排放核废水等多方面益处，这些均可以从日本福岛第一核电站发生泄漏后的一系列无可奈何的选择中总结出来。因此，本系统对于更好地让利用核能资源服务人类进步和社会发展是很必要的，接下来对已有研究成果进行说明。

12.2　现有系统的原理与特征

3·11 地震引发海啸导致了严重的核泄漏，福岛第一核电站堆芯冷却、泄压、补水、余热排除系统都需电力驱动。而地震、海啸导致动力源摧毁，堆芯无法冷却，理想的控制元件及回路被破坏，高温、高压无法释放，飞机高空洒水降温失败，外部的介入式应急供水收效甚微，造成了爆炸、泄漏，这是不可遏止的世界性灾难。

1. 现有系统的原理

现有技术主要有欧洲 EPR 和美国 AP1000 两个系统,欧洲 EPR 反应堆外设动力源的堆芯冷却、安全壳冷却系统如图 12-3 所示,美国 AP1000 反应堆非能动堆芯冷却、安全壳冷却系统如图 12-4 所示。

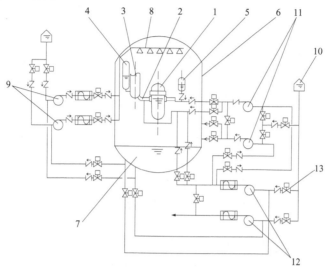

图 12-3　欧洲 EPR 反应堆外设动力源的堆芯冷却、安全壳冷却系统

1-堆芯压力容器；2-堆芯冷却剂系统；3-蒸发器；4-稳压器；5-安全注水箱；6-钢制安全壳容器；
7-事故后再循环池；8-安全壳内喷淋器；9-安全壳喷淋系统；10-换料存储水箱；
11-高压安全注水泵；12-低压安全注水泵、余热排出泵；13-电驱动阀

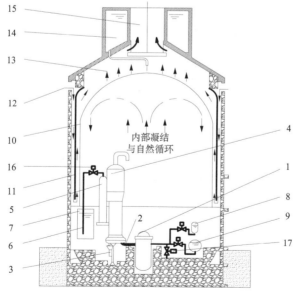

图 12-4　美国 AP1000 反应堆非能动堆芯冷却、安全壳冷却系统

1-堆芯压力容器；2-堆芯冷却剂系统；3-堆芯冷却剂泵；4-蒸发器；5-稳压器；6-非能动余热排出交换器；
7-换料存储水箱；8-堆芯补水箱；9-安全注水箱；10-钢制安全壳容器；11-导流板；12-外部冷却空气入口；
13-水膜蒸发；14-PCS 重力水箱；15-自然对流空气出口；16-直流电驱动阀；17-电起爆、管道爆破阀

2. 现有系统的特征

(1) 世界现有反应堆冷却系统的设计研究、计算、元件制造、安装都按规程进行了单项和综合装置试验，模拟了单一故障和多重故障试验。由理论和已经历的非严重事故历史证明，其可靠性和成熟性无可非议，但是针对严重事故的设计裕度和防御能力不足，这其中有技术、经济的原因，也受严重事故未知性的影响。

(2) 三里岛、切尔诺贝利、福岛核电站泄漏严重事故表明，堆芯泄压、补水、余热排出、冷却系统在强大的压力和热力下显得渺小而脆弱，控制、保护设备被摧毁，理想的循环系统无力阻挡事故的蔓延。设计强大、牢固、有充分裕度的强迫冷却系统，尽快阻止事故蔓延是当今应该思考的问题。

(3) 据报道，3·11 地震后日本科学家及核工作者奋斗了近 300 天使得福岛核电站 2 号机组于 2011 年底实现冷停堆，说明现有冷却系统的设计裕度还不能有效满足堆芯热衰变过程的需要，需要更有效的堆芯应急冷却措施；同时，现有核电站的安全系统设计使得总体注入水量有限，加上水的蒸发，使得反应堆事故长时期难以完全平息，亟须进一步探讨堆芯冷却系统的循环新模式及储水量等问题。

(4) 欧洲 EPR 大量采用电控、电驱动的设备、仪表、阀等，在遭遇超越设计基准的自然灾害和严重事故影响时，安全级柴油发电机及其他动力源被摧毁，在高温、高压、高湿、断电的情况下，堆芯冷却、安全壳冷却系统也随之失效。

(5) 美国 AP1000 采用非能动核安全理念，采用反应堆、安全壳冷却系统，减少了大量电力驱动的仪器设备等，仅存少量无法替代的直流驱动装置，严重事故时能否经受高温、高压、高湿的考验，包括安全壳内外自然循环是否能够持续有效，仍需实践验证。另外，在现有非能动安全系统功能保持的情况下，其高位水箱和堆芯冷却系统的补水箱、注水箱、换料存储水箱均无水源补充，维持时间有限。

12.3　非能动应急冷却系统方案设计

针对 12.2 节分析给出的现有系统特征，本节基于非能动梭式控制技术思想设计了非能动应急冷却系统来防范反应堆严重事故。

反应堆严重事故非能动应急冷却系统在原有系统的基础上增设了轻度、中度、重度三级污染处理装置，与配套的高位水池形成循环，满足反应堆严重事故后长时间不间断的应急冷却需求。非能动应急冷却系统的整体方案，如图 12-5 所示。

在反应堆发生严重事故的情况下，非能动应急冷却系统将先后通过堆芯注入的循环原理、非能动安全壳冷却注入和循环、非能动安全壳外喷淋冷却和循环、位能自流启动程序四个阶段加以应对，具体设计说明如下。

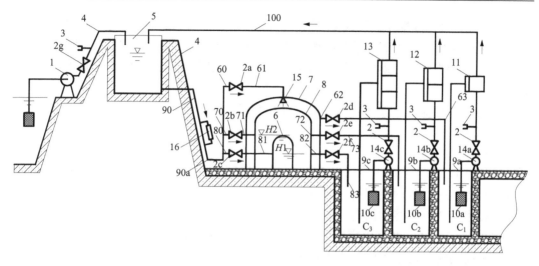

图 12-5 反应堆严重事故非能动应急冷却系统

1-高位水池供水泵；2-堆芯冷却剂系统；2a~2g-非能动控制阀；3-移动泵接口；4-高位水池供水管；5-高位水池；
6-堆芯压力容器；7-安全壳外屋架；8-钢制安全壳；9a~9c-污染池盖板；10a~10c-污染池吸水器；11-轻度污染处理装置；
12-中度污染处理装置；13-重度污染处理装置；14a~14c-升压泵；15-非能动安全壳外喷淋；16-非能动增压器；
60、61、70、71、80、81-非能动分支供水管；62、63、72、73、82、83-非能动分支排水管；H_1、H_2-安全壳内淹没深度；
90、90a-非能动主供水管；100-返回管；C_1-轻度污染水池；C_2-中度污染水池；C_3-重度污染水池

1）非能动堆芯注入的循环

（1）原理。

由堆芯压力容器 6、堆芯冷却剂系统 2、移动泵接口 3、高位水池 5 等构成了的反应堆高压封闭水系统，该系统发生泄漏、失水时，称为严重事故。在发生严重事故时才进行堆芯压力容器注水，此时高压系统失水产生失压，形成淹没深度 H_1，非能动系统才能川流不息地带走热量，自流到重度污染池 C_3，经重度污染处理设备处理后，返回高位水池 5，其中污水处理装置和提升泵的电源可由移动动力源提供。

欧洲 EPR 靠电驱动泵抽水进行内部喷淋、散热、循环，发生严重事故停电后无法实现冷却循环。美国 AP1000 靠不断地内部蒸发和凝结的自然循环、钢制安全壳外壳喷淋和散热实现降温。

（2）注入线路。

高位水池 5→非能动主供水管 90→非能动增压器 16→非能动主供水管 90a→非能动分支供水管 80→非能动控制阀 2c→非能动分支供水管 81→堆芯压力容器 6→安全壳内淹没深度 H_1→非能动分支排水管 82→非能动控制阀 2f→非能动分支排水管 83→重度污染水池 C_3→污染池吸水器 10c→升压泵 14c→重度污染处理装置 13→返回管 100→高位水池 5。

2）非能动安全壳冷却注入和循环

（1）原理。

钢制安全壳 8 是一个密闭的低压容器，向堆芯压力容器注水至淹没深度 H_1 后仍不能满足降温需要，安全壳内的设备完全摧毁，无法形成理想的冷却循环，非能动安全壳冷

却注入后立即开启非能动控制阀 2f 进行排气、降压，然后开启非能动控制阀 2b 向钢制安全壳注水至淹没深度 H_2、经非能动控制阀 2f 带走热量，自流至中度污染池 C_2，经中度污染处理装置 12 后，返回高位水池 5，其中污水处理装置和提升泵的电源可由移动动力源提供。

注：欧洲 EPR 失电后无法实现冷却循环和淹没冷却，美国 AP1000 无淹没深度 H_2 的流量裕度。

(2) 注入线路。

高位水池 5→非能动主供水管 90→非能动增压器 16→非能动主供水管 90a→非能动分支供水管 70→非能动控制阀 2b→非能动分支供水管 71→安全壳内淹没深度 H_2→非能动分支排水管 72→非能动控制阀 2e→非能动分支排水管 73→中度污染水池 C_2→污染池吸水器 10b→升压泵 14b→中度污染处理装置 12→返回管 100→高位水池 5。

3) 非能动安全壳外喷淋冷却和循环

(1) 原理。

钢制安全壳 8 的外壳是非能动冷却系统的重要部分，通过大气自然流带走反应堆内部热量，发生严重事故时率先打开非能动控制阀 2a 和非能动安全壳外喷淋器 15 向安全壳外壳喷淋，经水膜蒸发把安全壳内的热量带走，经非能动控制阀 2d 喷淋后，热水自流至轻度污染池 C_1，经轻度污染处理装置 11 后，返回高位水池 5(污水处理装置和升压泵的电源可由移动动力源提供)。

注：欧洲 EPR 仅设内部喷淋系统，在发生严重事故时因停电无法运行；美国 AP1000 设安全壳外部喷淋系统，仅限于非能动安全壳冷却系统(passive containment cooling system，PCS)重力水箱的容量；反应堆严重事故非能动应急冷却系统，高位水池 5 由远离反应堆的高位水池供水泵 1 提供的无限水源补充。

(2) 注入线路。

高位水池 5→非能动主供水管 90→非能动增压器 16→非能动主供水管 90a→非能动分支供水管 60→非能动控制阀 2a→非能动分支供水管 61→非能动安全壳外喷淋器 15→非能动分支排水管 62→非能动控制阀 2d→非能动分支排水管 63→轻度污染水池 C_1→污染池吸水器 10a→升压泵 14a→轻度污染处理装置 11→返回管 100→高位水池 5。

4) 位能自流启动程序

(1) 原理。

非能动系统采用位能自流冷却，应有堆芯压力容器、安全壳容器的压力释放，才可能有非能动的注入，发生严重事故后应先开启非能动安全壳外喷淋器 15 进行喷淋冷却。开启通往污染水池的非能动控制阀 2e、2f 排气降压，再开启非能动控制阀 2b、2c 注水至 H_1、H_2 进行溢流，带走热量。

(2) 注入线路。

非能动控制阀 2a→非能动安全壳外喷淋器 15→非能动控制阀 2d→非能动控制阀 2e→非能动控制阀 2f 为安全壳和堆芯压力容器喷淋、排气减压→非能动控制阀 2b→非能动控制阀 2c 安全壳和堆芯压力容器 8 注水。

12.4 新型系统的实施原则与兼容性分析

1. 系统的实施原则

(1)运用非能动控制基本原理建立独立系统,反应堆严重事故非能动应急冷却系统核心元件包括梭式二通双向控制元件(梭式双向节流阀)、梭式三通多向控制元件(梭式三分流调节阀、梭式三通换向阀)、梭式四通多向控制元件(梭式四通换向阀)等,对应的基本模型和相应流体状态参见第 3 章。

(2)适用现有多种反应堆技术,保证现有技术系统的多样性和独立性,反应堆严重事故非能动应急冷却系统在正常运行时不破坏现有技术的流体特性、结构特性、温度特性,仅作为现有技术的后备保护。

(3)现有技术正常运行或在发生设计基准事故时,反应堆严重事故非能动应急冷却系统不启动,隔离阀处于全闭,为 100%全隔离。唯有发生严重事故时,及时、准确、安全、可靠地实施非能动应急冷却。

(4)严重事故反应堆非能动应急冷却系统的设计应遵循热工水力设计准则。

(5)严重事故反应堆非能动应急冷却系统的运行,即设备、管道、容器、阀门的操控应符合非能动原理。

(6)系统管网流通能力和流阻计算遵循水力学相关原则。

(7)系统管网设备、管道、容器、阀门的布置、选型应注重多重性和多样性防御共因失效原则。

(8)高位水池容量保证。设有远距离无限水源补充和污水处理后反馈循环,依据堆型、堆容量、堆数量,遵循热工水力设计准则确定高位水池的容量,防止水池容量过大而造成浪费和安全隐患。

(9)高位水池高度保证。非能动位能注水是反应堆严重事故非能动应急冷却系统的基本原则,遵循水力设计准则,根据管网、元件的微小压力损失及安全壳、堆芯压力容器的残余压力确定水池高度。遇无名压力升高时,可用增压器进行非能动放大增压,防止水池过高造成浪费和安全隐患。另外,应在厂区或附近设立高位水池。

以美国 AP1000 为例,用于预防和缓解设计基准事故的应急用水总量不超过 10000m^3,其主要装备容量如下:堆芯补水箱 2 个,容量共 70.8m^3;注水箱 2 个,容量共 56.6m^3;安全壳内的换料水箱 1 个,容量为 2092m^3;安全壳冷却水储存箱 1 个,容量为 2864m^3;安全壳冷却水辅助水箱 1 个,容量为 2950m^3;反应堆冷却剂(含稳压器内)体积为 271.95m^3,总容量为 8305.35m^3。

在缓解设计基准事故时,这些措施的人工不干预时间为 72h(已运行的第二代、第二代半反应堆技术人工不干预时间为 10～30min),对应的应急用水量容量和人工不干预时间是按理论推算得到的,满足基准设计事故需求,难于维持更长时间注水。

高位水池的容量应参考三里岛、切尔诺贝利、福岛核电站三大严重事故从开始到冷停堆的用量,严重事故的强度和深度莫测,应以宽容的裕度考虑水池容量的设置,保证在相关控制元件、设备、循环系统全部失效时，高位水池可以安全不间断地带走热量。

在严重事故下，安全壳内的设备、元件、仪表被摧毁时，提高淹没深度至 H_2，加大补水流量，延长补水时间，把压力容器、安全壳内部循环变为体外循环，进行大流量强迫降温。

（10）系统元件应具备适应非能动、手动、机器人操作、气动、远动、移动动力源驱动等多种操作方式。

（11）在现有厂区附近建设核污染水池，核污染废水可由厂区自流排放，设置核污染处理设备，经处理后的水由泵提升至高位水池，以保证更长时间的不间断循环冷却。

高位水池的供水泵、管道，以及向厂区应急补水的管道、阀尽量布置在掩体内以防核辐射。高位水池的供水泵、核污染水池提升泵接口设移动泵应急接口。高位水池应急补水管道应尽量利用现有安全壳设备开孔，分别直接进入堆芯压力容器、堆芯安全壳、堆芯安全壳外顶部，经专用排水管排至核污染水池。非能动应急水力循环系统由大容量

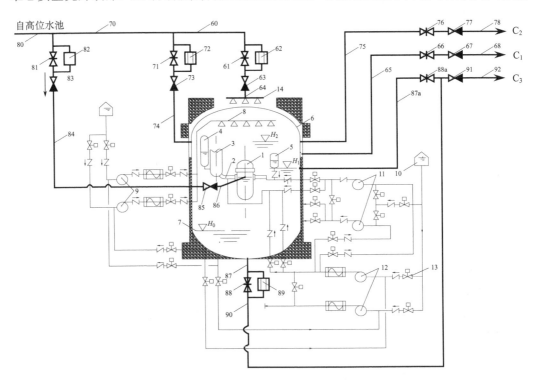

图 12-6　反应堆严重事故应急冷却系统与欧洲 EPR 的连接设想

1-堆芯压力容器；2-堆芯冷却剂系统；3-蒸发器；4-稳压器；5-安全注水箱；6-钢制安全壳容器；
7-事故后再循环池（H_0 为其淹没深度）；8-安全壳内喷淋器；9-安全壳喷淋系统；10-换料存储水箱；11-高压安全注水泵；
12-低压安全注水泵、余热排出泵；13-电驱动阀；14-安全壳外喷淋器；60、64-新增安全壳外喷淋的非能动注水管；
65、68-排水管；61、71、81、66、76、88、88a-电动、手动两用切断阀；62、72、82、89-非能动、电控切断阀；
63、73、83、85、67、77、91-非能动梭式止回阀；70、74-新增安全壳淹没深度为 H_2 的非能动注水管；75-溢流管；78-排
水管（排气）；80、84、86-新增堆芯非能动应急注水管；87、87a-新增安全壳淹没深度为 H_1 的非能动溢流阀；
90、92-排水管（排气）

压力水池、核污染水池、核污染处理设备、水泵、管道等构成，非能动技术控制管道系统阀的启闭与现有系统正常运行建立可靠的锁定和完全的隔离。放射性废液采用离子交换技术处理，处理后产生的固体废物少，经处理过的水需经取样检测，符合规定后才能返回高位水池。

2. 系统的兼容性分析

结合现有技术的特征，反应堆严重事故应急冷却系统与欧洲 EPR 的连接设想如图 12-6 所示，与美国 AP1000 的连接设想如图 12-7 所示。

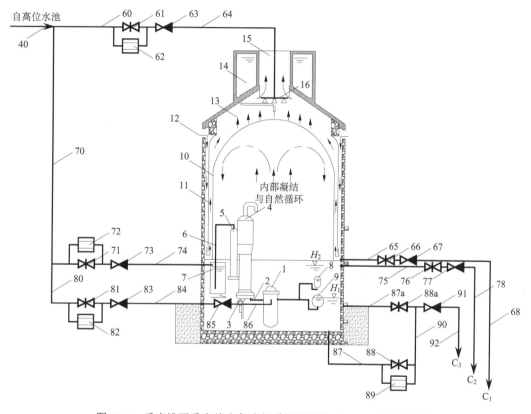

图 12-7　反应堆严重事故应急冷却系统与美国 AP1000 的连接设想

1-堆芯压力容器；2-堆芯冷却剂系统；3-堆芯冷却剂泵；4-蒸发器；5-稳压器；6-非能动余热排出交换器；7-换料存储水箱；8-堆芯补水箱；9-安全注水箱；10-钢制安全壳容器；11-导流板；12-外部冷却空气入口；13-水膜蒸发；14-PCS 重力水箱；15-自然对流空气出口；16-新增非能动安全壳外喷淋器；60、64-新增安全壳外喷淋的非能动注水阀；65、68-排水管；61、71、81、66、76、88、88a-电动、手动两用切断阀；62、72、82、89-非能动、电控切断阀；63、73、83、85、67、77、91-非能动楔式止回阀；70、74-新增安全壳淹没深度为 H_2 的非能动注水管；75-溢流管；78-排水管(排气)；80、84、86-新增堆芯非能动应急注水管；87a-新增安全壳淹没深度为 H_1 的非能动溢流阀；87、90、92-排水管(排气)

在图 12-6 中，电动、手动两用切断阀(编号 61、71、81、66、76、88、88a)是指同时配备电动和手动两种驱动方式，可移动电源实现机器人操作，或人工现场操作，反应堆正常运行时这些阀是常闭的；非能动、电控切断阀设备(编号 62、72、82、89)是指同时配备非能动和电控两类功能，它可与 SCADA 连通远程操作或现场操作，反应堆正常运行时也是处于常闭状态的。

这种应急冷却系统是不停息的可控循环，能在严重事故中现有反应堆保护措施失效时提供多重保护，新增系统可能会增加 10%～30% 的成本，相比于其可能取得的社会经济效益是值得的，这为已建成核电站和即将新建的核电站提供了新的选择。

在图 12-7 中，电动、手动两用切断阀(编号 61、71、81、66、76、88、88a)和非能动、电控切断阀设备(编号 62、72、82、89)的功能要求和操作方式与图 12-6 中对应设备完全一致。

世界上现有反应堆冷却系统的设计研究、计算、元件制造、安装都按规程进行了单项和综合装置试验，模拟了单一故障和多重故障的试验。我们提出的反应堆严重事故非能动应急冷却系统需要大量的理论研究、试验、检测和可行性论证。在当今各国优先发展核电的背景下，反应堆冷却系统的故障防范需要加强，由此该技术将会得到国家的支持。

参 考 文 献

曹兴伟, 张琦, 杨林会, 2013. 液压系统非接触式压力检测研究[J]. 机械制造与自动化, 42(1): 6-8, 15.

陈璧红, 2001. 水电站和泵站水力过渡流[M]. 大连: 大连理工大学出版社.

陈崴, 2008. 非能动控制压力管道爆破保护系统的研究[D]. 成都: 四川大学.

陈崴, 黄竞跃, 邱小平, 等, 2010. 梭式结构智能管道保护装置[J]. 武汉理工大学学报(交通科学与工程版), 34(1): 88-92.

陈崴, 曾祥炜, 陈巍, 2010. 智能控制压力管道爆破保护系统的水击分析[J]. 液压与气动(1): 45-47.

陈崴, 曾祥炜, 任德均, 2009. 梭式控制球阀智能液动速度调节系统[J]. 油气储运, 28(11): 47-49.

陈崴, 曾祥炜, 任德均, 2010a. 非能动控制变压吸附双罐交替系统的研究[J]. 液压与气动(5): 34-36.

陈崴, 曾祥炜, 任德均, 2010b. 非能动控制压力管道保护装置的研究[J]. 制造业自动化, 32(1): 118-121.

陈轶杰, 杨占华, 雷强顺, 等, 2010. 油气弹簧常通孔对阀门水击力的影响研究[J]. 振动与冲击, 2010, 29(7): 75-78.

陈颖锋, 1998. 旋启缓冲式止回阀的研制[J]. 石油化工设备技术, 19(1): 39-41.

陈再富, 2006. 一种节能止回阀的研制及应用[J]. 冶金动力, 12(2): 1-32.

程国栋, 蔡勇, 臧红彬, 等, 2012. 梭式止回阀与旋启式止回阀的流固耦合特性对比分析[J]. 机床与液压, 40(13): 158-161.

崔宝玲, 马光飞, 王慧杰, 等. 2015. 阀芯结构对节流截止阀流阻特性和内部流动特性的影响[J]. 机械工程学报, 51(12): 178-184.

董曾南, 1995. 水力学(上册)[M]. 4版. 北京: 高等教育出版社.

杜广生, 2014. 工程流体力学[M]. 2版. 北京: 中国电力出版社.

方本孝, 郑庆伦, 王渭, 1998. 高性能止回阀结构设计的分析研究[J]. 流体机械, 26(4): 10-14.

方旭, 马军, 陈崴, 等, 2012. 非能动梭式特种阀防治水击的特性分析与应用[J]. 安徽电气工程职业技术学院学报, 17(3): 94-101.

符永正, 刘万岭, 2005. 限流止回阀的工作原理及应用[J]. 阀门(2): 36-37.

郭胜利, 2000. 降式缓闭止回阀设计[J]. 阀门(1): 4-7.

郭永鑫, 杨开林, 郭新蕾, 2016. 长输水管道充水的气液两相流数值模拟[J]. 水利水电技术, 47(9): 61-64.

贺礼清, 2001. 工程流体力学[M]. 北京: 石油大学出版社.

黄春芳, 2009. 天然气管道输送技术[M]. 北京: 中国石化出版社.

黄华, 2006. 基于梭式非能动控制技术的叠加式双向节流阀[D]. 成都: 四川大学.

黄继昌, 徐巧鱼, 张海贵, 1998. 传感器工作原理及应用实例[M]. 北京: 人民邮电出版社.

黄新波, 2014. 输电线路在线监测与故障诊断[M]. 北京: 中国电力出版社, 2014.

李德禹, 1984. 阀门节能的重要途径——降低流阻系数[J]. 流体机械(1): 56-59.

李贺军, 蔡勇, 向北平, 等, 2012a. 梭式止回阀的流固耦合性能研究[J]. 煤矿机械, 33(2): 70-73.

李贺军, 蔡勇, 向北平, 等, 2012b. 梭式止回阀关闭时的流场特性研究[J]. 机械设计与制造(6):

226-228.

李良超, 曾祥炜, 向科峰, 等, 2012. 梭式止回阀开启过程的数值模拟[J]. 排灌机械工程学报, 30(6): 710-714.

林诚格, 2008. 非能动安全先进核电厂[M]. 北京: 原子能出版社.

刘挺, 2019. 以非接触式温度传感器为载体的工业微波炉控制系统设计与实践[J]. 工业加热, 41(5): 43-46.

刘威, 孟丽娜, 崔晓丽, 2010. 水击偏微分方程组数值模拟的新方法研究[J]. 中国科技信息, 2(16): 43-44.

刘晓英, 石桂荣, 刘绍锋, 等, 2005. 核级自然循环系统止回阀的结构设计[J]. 阀门(3): 1-2.

陆培文, 2002. 实用阀门设计手册[M]. 北京: 机械工业出版社.

罗月迎, 王雅萍, 伍运霖, 等, 2016. 梭式止回阀工作性能的研究与分析[J]. 机械设计与制造(2): 34-36.

孟丽芳, 李军, 白敬山, 2011. 长距离输水管道充水方式的探究[J]. 包钢科技, 37(1): 13-16.

穆祥鹏, 练继建, 刘瀚和, 2008. 复杂输水系统水力过渡的数值方法比较及适用性分析[J]. 天津大学学报, 41(5): 515-521.

潘家华, 1993. 油气储运工程论文集[M]. 北京: 石油工业出版社.

任予鑫, 朱建公, 向北平, 等, 2011. 非能动梭式防水击止回阀的降噪特性研究[J]. 机床与液压, 39(23): 74-76.

日本液压气动协会, 1984. 液压气动手册[M]. 液压气动手册翻译组, 译. 北京: 机械工业出版社.

申燕飞, 许明恒, 郭海保, 2005. 梭式止回阀的结构设计与三维建模[J]. 中国工程机械学报, 3(1): 33-35.

宋涛, 2011. 淮水北调临涣输水管道工程施工中有关问题的处理[J]. 江淮水利科技(3): 27-29.

孙秀芳, 2001. 污水泵站水击计算与缓闭止回阀的应用[J]. 中国给水排水, 17(8): 48-49.

汤紫德, 2007. 核电在中国[M]. 南京: 江苏人民出版社.

王兵, 白文举, 徐元禄, 2007. 高工压大口径 PCCP 管在引额济乌工程中的应用[J]. 水利建设与管理, 27(2): 34-36.

王学芳, 叶宏开, 汤荣铭, 等, 1995. 工业管道中的水击[M]. 北京: 科学出版社.

吴望一, 1982. 流体力学(上、下册)[M]. 北京: 北京大学出版社.

西拉斯, 李建基, 1986. 石油及天然气的开采和输送[M]. 北京: 石油工业出版社.

向北平, 殷国富, 曾祥炜, 等, 2014. 新型梭式结构止回阀的数字仿真与结构优化[J]. 四川大学学报工程科学版, 46(2): 160-165.

向科峰, 2016. 非能动梭式控制管道爆破保护系统关键技术研究[D]. 成都: 四川大学.

向威, 2016. 天然气井气举装置中柱塞传感器的研究[D]. 武汉: 武汉工程大学.

谢吉兰, 韩俊, 苏殿顺, 2000. 旋启式止回阀结构改进[J]. 阀门(3): 11-12.

徐明阳, 韩成延, 1999. 止回阀缓闭结构设计[J]. 机械研究与应用, 12(1): 29-30.

杨筱蘅, 1996. 输油管道设计与管理[M]. 北京: 石油大学出版社.

余惠琼, 季全凯, 符杰, 等, 2007. 一种新型止回阀的水击试验研究[J]. 西华大学学报(自然科学版), 26(2): 59-60.

曾祥炜, 1987-08-27. 压力式恒压供水装置: 86207687. 0[P].

曾祥炜, 1987-12-09. 差流可调梭阀: 87103004. 7[P].

曾祥炜, 1989. 差流可调梭阀[J]. 液压与气动(3): 52.

曾祥炜, 1993-08-08. 梭式止回阀: 92221813. 7[P].

曾祥炜, 1994-08-24. 梭式管道爆破保护器: 93239694. 1[P].

曾祥炜, 1994-09-14. 梭式调节阀: 93239757. 3[P].

曾祥炜, 1994-09-21. 梭式水击消除器: 93239537. 6[P].

曾祥炜, 1995-02-22. 梭式截止阀: 94236587. 9[P].

曾祥炜, 1996-12-11. 水电站压力管道梭式调压器: 95242334. 0[P].

曾祥炜, 1997-02-05. 梭式三通换向阀: 96213168. 7[P].

曾祥炜, 1998-03-18. 可通行清管器的复套阀: 96233705. 6[P].

曾祥炜, 1998-09-02. 梭式快通可调室内消火栓: 96200029. 9[P].

曾祥炜, 2000-03-29. 通球式流体控制阀: 99231642. 1[P].

曾祥炜, 2000-07-26. 流体控制通球复套阀: 99231643. X[P].

曾祥炜, 2000-08-16. 流体控制通球阀: 99231641. 3[P].

曾祥炜, 2000-08-23. 通球式流体控制复套阀: 99231644. 8[P].

曾祥炜, 2000-11-22. 流体控制清管式复套阀: 99114869. X[P].

曾祥炜, 2001-01-24a. 自力式管道爆破保护器: 00222597. 2[P].

曾祥炜, 2001-01-24b. 自力通球式管道爆破保护器: 00222596. 4[P].

曾祥炜, 2002-07-24. 流体控制清管阀: 00806475. X[P].

曾祥炜, 2002-07-31. 液体控制清管式复套阀: 00806479. 2[P].

曾祥炜, 2003-05-21a. 一种管道爆裂保护装置: 01807231. 3[P].

曾祥炜, 2003-05-21b. 自力通球式管道爆破保护装置: 01807229. 1[P].

曾祥炜, 2005-08-03. 自力式管道爆破保护装置: 01807231. 3[P].

曾祥炜, 2005-08-10. 梭式双罐交替工作系统: 200410081386. X[P].

曾祥炜, 2006-06-14. 差流可调梭阀控制装置: 200510022315. 7[P].

曾祥炜, 2007-08-08a. 阀启闭阻尼驱动装置: 200710048379. 3[P].

曾祥炜, 2007-08-08b. 梭式控制轴流阻尼启闭装置: 200710048378. 9[P].

曾祥炜, 2008-07-09. 工作缸的速度控制装置: 200510022315. 7[P].

曾祥炜, 2008-07-16a. 非能动梭式回流阀: 200710050792. 3[P].

曾祥炜, 2008-07-16b. 梭式减振截止阀: 200710050793. 8[P].

曾祥炜, 2008-07-16c. 梭式微阻止回阀: 200710050795. 7[P].

曾祥炜, 2008-07-16d. 梭式异径止回阀: 200710050794. 2[P].

曾祥炜, 2008-07-23a. 非能动梭式控制节能疏水器: 200710049667. 0[P].

曾祥炜, 2008-07-23b. 非能动梭式控制切换系统: 200710049666. 6[P].

曾祥炜, 2008-07-23c. 梭式差动泄压阀: 200710050876. 7[P].

曾祥炜, 2008-10-08. 非能动梭式控制调节阀: 200810044553. 1[P].

曾祥炜, 2009-02-11. 非能动梭式防水击、震荡装置: 200710049665. 1[P].

曾祥炜, 2010-12-29. 梭式高温高压焊接止回阀: 201020130197. 8[P].

曾祥炜, 2011-10-12. 非能动梭式切断阀驱动调节装置: 201010137573. 0[P].

曾祥炜, 2012-04-25. 反应堆严重事故非能动应急冷却系统: 201110411003[P].

曾祥炜, 2012-12-12. 非能动梭式防水击、振荡装置: 200710049665. 1[P].

曾祥炜, 2014-01-15. 非能动梭式止回阀: 200710050791. 9[P].

曾祥炜, 陈崑, 邱小平, 等, 2010. 从大连输油管爆炸反思油气设备驱动方式——非能动控制驱动对油气储运的特殊意义[J]. 中国工程科学, 12(9): 34-38.

曾祥炜, 高树藩, 丁会林, 2000. 密闭输送管道系统的控制与调节[J]. 阀门(4): 34-37.

曾祥炜, 高树藩, 许力宏, 等, 2001. 差流可调梭阀在球阀控制中的运用[J]. 油气储运, 20(4): 52-54.

曾祥炜, 黄首一, 1999. 梭式管道爆破保护装置的动态特性[J]. 油气储运, 18(1): 5.

曾祥炜, 黄首一, 高树藩, 1998. ZSBP 梭式爆破保护装置[J]. 油气储运, 17(1): 55-57.

曾祥炜, 黄首一, 高树藩, 等, 1998. 梭式止回阀的特性试验研究[J]. 阀门(4): 10-13.

曾祥炜, 黄首一, 高树藩, 等, 2000. 梭式止回阀在流体输送中的应用[J]. 炼油技术与工程, 30(4): 26-29.

张健平, 曾祥炜, 陈刚, 2014. 梭式止回阀与旋启式止回阀流动特性的数值模拟比较分析[J]. 化工设备与管道, 51(1): 79-82.

张健平, 赵周能, 李良超, 等, 2016. DN100 梭式止回阀的数值模拟与结构优化[J]. 机床与液压, 44(3): 174-178.

张健平, 赵周能, 曾祥炜, 2015. 梭式止回阀水击防护特性的数值分析[J]. 流体机械, 43(11): 16-21.

张廷芳, 2007. 计算流体力学[M]. 大连: 大连理工大学出版社.

赵国玺, 1995. 蝶式止回阀防水击关阀特性的研究及其新型相关结构部件的设计[J]. 流体机械, 1(5): 3-6.

赵国玺, 1997. 新型蝶式止回阀防水击关阀特性的研究及其相关结构部件的设计[J]. 特种结构, 14(1): 48-51.

赵琴, 杨小林, 等. 2014, 工程流体力学[M]. 重庆: 重庆大学出版社.

中国石油天然气管道局, 1993. 油气管道工程概论[M]. 北京: 石油工业出版社.

周荣敏, 王昌南, 闫越, 2010. 长距离重力输水管道优化设计比较研究[J]. 河南科学, 28(12): 1568-1574.

祝海林, 邹景, 1999. 管道流量非接触测量方法与技术[M]. 北京: 气象出版社.

ANSARI M R, DAVARI A, 2003. Numerical analysis of pipeline equipment effect on water hammer using characteristic method[C]// ASME/JSME 4th Joint Fluids Summer Engineering Conference. Honolulu: 2821-2826.

CHEN K, ZENG X W, QIU X P, et al. , 2011. Passive control shuttle-type check valve - a new nuclear-class fluid control component[J]. Advanced Materials Research, 317-319: 1474-1477.

FILION Y R, KARNEY B W, 2002. Extended-period analysis with a transient model[J]. Journal of Hydraulic Engineering, 128(6): 616-624.

FRANCO A, FILIPPESCHI S, 2012. Closed loop two-phase thermosyphon of small dimensions: a review of the experimental results[J]. Microgravity Science & Technology, 24(3): 165-179.

GHIDAOUI M S, ZHAO M, MCLNNIS D, et al. , 2005. A review of water hammer theory and practice[J]. Applied Mechanics Reviews, 58(1): 49-76.

GIUSTOLISI O, LAUCELLI D, BERARDI L, 2013. Operational optimization: water losses versus energy costs[J]. Journal of Hydraulic Engineering, 139(4): 410-423.

International Atomic Energy Agency, 1991. Safety related terms for advanced nuclear plants[M]. Vienna: IAEA Printed, 1991.

International Atomic Energy Agency, 2009. Passive safety systems and natural circulation in water cooled nuclear power plants[M]. Vienna: IAEA Printed, 2009.

KALIATKA A, USPURAS E, VAISNORAS M, 2007. Benchmarking analysis of water hammer effects using

RELAP5 code and development of RBMK-1500 reactor main circulation circuit model[J]. Annals of Nuclear Energy, 34 (1/2) : 1-12.

WYLIEE B, STEETER V L, 1993. Fluid transients in systems[M]. New York: Prentice-Hall.

ZENG X W, 1989-10-10. Adjustable differential-flow shuttle valve: US4872475[P].

ZENG X W, 1991-03-12. Adjustable differential flow shuttle valve: CA1281256C[P].

ZENG X W, 1994-08-25. Einstellbares drossel-rückschlagventil: DE3814248C2[P].

ZENG X W, 1996-07-08. Adjustable differential-flow shuttle valve: JP2537265B2[P].

ZENG X W, 2000-11-23a. A fluid control double position valve for pig: WO00/70251 PCT/CN00/00115[P].

ZENG X W, 2000-11-23b. A fluid control for pig: WO00/70250 PCT/CN00/00114[P].

ZENG X W, 2001. A new pneumatic/ fluid-driven speed tuning system[C]// Proceedings of the 2001 ASME Fluids Engineering Division Summer Meeting. New Orleans, 13: 318-326.

ZENG X W, 2001-10-04. A pipe burst protect device: WO01/700139 PCT/CN01/00139[P].

ZENG X W, 2001-10-11. A protection device in event of pipe rupture: WO01/75356 PCT/CN01/00138[P].

ZENG X W, 2005-02-15. Fluid-controlled valve for pipeline pig: US6854478B1[P].

ZENG X W, 2005-05-24. Self-operated protection device for pipeline: US6895994B2[P].

ZENG X W, 2007-06-28. Adjustable differential flow shuttle valve control system: US20060611630[P].

ZENG X W, 2011-05-24. Shuttle-typed high-temperature and high-pressure weldable check valve: PCT/CN/2011/ 000403[P].

ZENG X W, 2012-08-31. Driving and adjusting device of passive shuttle-type shut-off valve: PCT/CN2011/000570[P].

ZENG X W, 2014-06-03. Driving and adjusting device of passive shuttle-type shut-off valve: US8740176B2[P].

ZENG X W, 2017-05-03a. Shuttle-typed high-temperature and high-pressure welded-type check valve: IT11752800. 0[P].

ZENG X W, 2017-05-03b. Shuttle-typed high-temperature and high-pressure weldable check valve: EP2546559[P].

ZENG X W, 2017-06-14. Shuttle-typed high-temperature and high-pressure welded-type check valve: DE11752800. 0[P].

ZENG X W, 2017-07-05. Driving and adjusting device of passive shuttle-type shut-off valve: GB2492505[P].

ZENG X W, CHEN K, QIU X P, et al. , 2005. The burst protectors for the pressure pipeline in shuttle-type passive control system[C]// Proceedings of 9th Conference on Systemics, Cybernetics and Informatics . Orlando: 403-407.

ZENG X W, CHEN K, QIU X P, 2011a. Discussion on gathering and conveyance of oil or gas with the help of passive control drive technology[C]// Proceedings of 30th Chinese Control Conference. Yantai: 5191-5194.

ZENG X W, CHEN K, QIU X P, 2011b. The passive control burst protection device for pressure pipeline[C]// Proceedings of 2nd International Conference on Intelligent Control and Information Processing. Harbin: 371-374.

ZENG X W, CHEN K, QIU X P, et al. , 2011. Passive control shuttle-type check valve–a new nuclear-class fluid control component[J]. Advanced Materials Research, 317-319: 1474-1477.

ZENG X W, CHEN K, QIU X P, et al. , 2013a. A new piping cut-off valve and its drive regulation system-part

I[J]. Valve World, 18 (6) : 95-96.

ZENG X W, CHEN K, QIU X P, et al. , 2013b. A new piping cut-off valve and its drive regulation system-part II [J]. Valve World, 18 (7) : 51-52, 55.

ZENG X W, HUANG H, XU M H, et al. , 2006. FSB passive shuttle-controlled PSA devices[C]// Proceedings of 10th World Multi-Conference on Systemics Cybernetics and Informatics. Orlando: 269-273.

ZENG X W, QIU X P, 2003. A serial new basic circuit of fluid control - the structure of shuttle-controlled components[C]// Proceedings of 7th World Multi-Conference on Systemics, Cybernetics & Informatics. Florida, 15: 318-310.

ZENG X W, QIU X P, CHEN K, et al. , 2012a. Discussion on the special significance of passive control technology for the nuclear reactor[A]. Lecture Notes in Information Technology, 13: 318-326.

ZENG X W, QIU X P, CHEN K, et al. , 2012b. Introduction to intelligent shuttle-type series valve assemblies[J]. Valve World, 17 (10) : 69-71, 74.

ZENG X W, QIU X P, HUANG H, et al. , 2004. Shuttle-type passive control system for pressure pipeline conveying[C]// Proceedings of 8th Conference on Systemics, Cybernetics and Informatics. Orlando: 446-451.